AF474553

CAUSERIES D'UN VIEUX SAVANT

Gr. in-8° carré 6e série.

AMPÈRE (1775-1836) INVENTEUR DE LA TÉLÉGRAPHIE ÉLECTRIQUE

SCIENCE AU JOUR LE JOUR

Causeries d'un vieux Savant

Ouvrage orné de gravures.

PARIS

J. LEFORT, IMPRIMEUR, ÉDITEUR

A. TAFFIN-LEFORT, Successeur

LILLE

CAUSERIES
D'UN VIEUX SAVANT

LE VÉRITABLE INVENTEUR DES EXPOSITIONS

L'Exposition de 1900 a été un centenaire. Il y a, en effet, tout juste cent ans, qu'au milieu de l'année 1800, François de Neufchâteau, alors ministre du Commerce, ouvrit au Champ de Mars la première Exposition. Et jusqu'ici, il a passé pour le fondateur de ces exhibitions d'abord nationales, puis devenues internationales.

Or, il vient d'être démontré par M. l'abbé Pierfitte, dans le *Bulletin de Saint-Pierre Fourier,* qui se publie à Mirecourt, chez M. Chassel, imprimeur, que le véritable fondateur des Expositions est un religieux, le R. P. Jean-François Duquesnoy, qui naquit à Briey vers 1712, qui fit ses études premières et ses humanités chez les RR. PP. Cordeliers de cette ville, et sa rhétorique à Metz, chez les Jésuites.

François de Neufchâteau se vantait d'avoir aussi créé les Comices agricoles, et il disait avoir ainsi « dressé un monument plus durable que l'airain. »

Là encore, il se parait des plumes du paon.

Le créateur des Comices agricoles fut le R. P. Duquesnoy. Et les Comices agricoles ont été le germe, l'idée première des Expositions, comme le démontre péremptoirement le *Bulletin* que nous venons de citer et que nous avons sous les yeux.

Cuique suum ; c'est un principe de justice. Il brille en tête des Institutes de Justinien. Il n'est pas inutile de le rappeler. *Neminem ledere*, ne faire tort à personne et rendre à chacun ce qui lui est dû, vivre honnêtement ; c'est toute la justice.

M. l'abbé Pierfitte raconte dans leurs plus minutieux détails la vie du R. P. Duquesnoy, et nous le présente chargé, en qualité de curé, de la paroisse de Vouxey qui comprenait quatre villages : Vouxey, Courcelles, Dolaincourt et Ambrecourt, sans compter les écarts, c'est-à-dire les hameaux ou fermes isolées. C'est là que sont nés les Comices agricoles. Et voici comment :

Le R. P. Duquesnoy, curé de Vouxey, avait constaté que sur le territoire de sa paroisse, de nombreux terrains incultes faisaient tache dans les moissons verdoyantes, et il s'était demandé s'il n'y aurait pas moyen de donner plus d'essor à l'agriculture. Pourquoi n'essayerait-il pas dans sa paroisse ce qui lui réussissait dans sa classe : une distribution de prix ? Les hommes ne sont-ils pas toujours de grands enfants ? Une distribution de prix est toujours un stimulant du travail.

Le P. Duquesnoy annonça donc en chaire et fit publier dans les villages de sa paroisse qu'à l'automne il distribuera des récompenses aux meilleurs travaux et produits agricoles.

On le traita de novateur. Quelle singulière idée il avait,

ce moine audacieux ! Il entreprenait de faire ce que personne n'avait fait avant lui.

Il haussa sans doute les épaules, laissa dire, et il arriva que les journaux du temps finirent par ne plus lui marchander l'éloge.

Voici de quelle façon les *Affiches des évêchés de Lorraine*, d'octobre 1773, rendent compte du premier concours :

M. Duquesnoy, chanoine régulier, curé de Vouxey, en Lorraine, accorde, dans l'étendue de sa paroisse, des encouragements à l'industrie et aux mœurs champêtres : ils consistent en des prix composés d'une médaille d'argent, d'un bouquet de fleurs d'Italie et d'un ruban.

D'un côté de ces médailles est représentée une charrue que guide un laboureur ; au-dessus, à droite, est le soleil, à gauche, les réseaux de la pluie ; entre les deux, un peu plus haut, une main rayonnante et distribuant l'abondance.

Autour, on lit cette inscription : *De benedictionibus metet*. Sur le revers : *Prix d'agriculture à Vouxey, le 26 septembre 1773.*

Quatre villages et plusieurs annexes dépendent de sa cure. Les habitants de ces lieux et un grand nombre des villages voisins ont assisté à la distribution des prix de cette année, qui s'est faite en présence des seigneurs et gens de justice. Elle a été accompagnée d'une bonne symphonie et d'un bal champêtre (1), terminée par un repas de 400 couverts.

Les jeunes filles ont chanté une cantate composée pour la circonstance.

On a distribué trois prix à celles qui ont fait croître le

(1) La danse n'était pas alors ce qu'elle est aujourd'hui, aussi était-elle universellement tolérée.

plus beau lin, plante dont la culture était jusqu'alors inconnue dans ce canton ; un pour le chanvre ; cinq pour les vignes ; et, ce qui est très remarquable, six pour la bonne conduite.

Tous ont été accordés à la pluralité des voix des filles.

Huit autres ont été décernés aux garçons qui se sont distingués dans les labours et les soins de la culture des grains, à la pluralité des voix des garçons.

Circonstance touchante : Le nommé Jean Thouvenin a reçu un prix distingué pour avoir montré un respectueux attachement à son père aveugle.

La tentative ayant réussi, le P. Duquesnoy distribua le programme pour le concours de l'année suivante, annonçant qu'il serait décerné cinq prix pour chaque village.

Un premier prix au laboureur qui aura ensemencé le plus de terrain ; le 2e à celui qui aura le mieux cultivé ; le 3e à celui qui aura tiré deux récoltes du même sol dans l'année ; le 4e à celui qui aura remis en culture une terre en friche ou abandonnée ; le 5e à celui qui aura la plus belle récolte d'un canton désigné, dont la culture offre plus de difficultés à vaincre.

Ces prix seront adjugés par les maires et gens de justice, à la pluralité des voix.

Outre ces récompenses, d'autres faveurs seront distribuées, bouquets de fleurs d'Italie et rubans :

1° A ceux qui auront les vignes les mieux tenues ; — 2° Aux manœuvres ayant défriché le plus de terrain ; — 3° A ceux qui auront le plus beau chanvre ; — 4° A ceux qui auront le plus beau lin ; — 5° Au laboureur dont les chevaux seront le mieux entretenus ; — 6° Au manœuvre dont le bétail sera en meilleur état ; — 7° A ceux qui auront le mieux amassé et entretenu le fumier ; — 8° A ceux qui auront cultivé quelques plantes nouvelles et utiles.

On distribuera aux filles les mêmes prix que cette année et pour les mêmes objets, seulement ils seront adjugés par les femmes des maires et gens de justice érigées en jury.

Les petits garçons et domestiques qui auront le mieux gardé les chevaux, recevront chacun un écu et un bouquet.

De plus, M. Duquesnoy abandonnera ses dîmes à ceux qui auront le mieux cultivé la vigne, défriché des landes et terrains vagues, etc.

Le programme fut lu en présence des quatre communes, puis une copie déposée au greffe de chacune.

Le second concours agricole se tint à Vouxey, le 2 octobre 1774. *Les Affiches de Lorraine* en parlent ainsi :

J'arrive de Vouxey, et j'ai été témoin de la distribution des prix de mœurs et d'agriculture que le respectable pasteur de cette paroisse a établis.

L'empressement des habitants à faire le bien est égal au zèle du bienfaiteur de l'humanité qui les récompense : Hommes, femmes, enfants, vieillards, tous m'ont paru dignes du curé qui les fait ce qu'il est.

La cérémonie commença par un acte solennel de religion (la messe), après lequel toute l'assemblée se forma sur une vaste plate-forme devant la maison du subdélégué.

Cinq cœurs d'or, surmontés d'une croix, étaient destinés aux filles lauréats, et cinq médailles d'argent aux garçons; 53 bouquets de fleurs artificielles paraissaient rangés dans de longs paniers pour les seconds prix.

L'orchestre se faisait entendre pendant que l'on prenait place.

Après de petits discours dictés par le sentiment, les filles ont reçu les cœurs d'or et les garçons les médailles d'argent de la main du curé. Les bouquets, ornés de rubans, ont successivement été accordés aux plus habiles cultivateurs. Des vieilles femmes et de jeunes enfants ont obtenu les mêmes récompenses que les plus infatigables travailleurs.

Mais ce qui a fait l'éloge des habitants, c'est que les premiers prix ont été donnés à la vertu industrieuse, privée de secours et sans appui. La plus pauvre fille de la paroisse a réuni toutes les voix. De jeunes orphelins, recueillis par un oncle, se sont montrés dignes des soins qu'il a pris, et jusqu'à des petits garçons de laboureurs ont figuré dans cette fête patriarcale.

Je ne puis me dispenser de vous citer un trait qu'Homère eût consacré. Un tisserand fait une pièce de toile pour un laboureur qui cultive le champ du tisserand. Arrive le moment de compter, chacun prétend redevoir à l'autre, grande contestation :

— Je serais heureux de m'acquitter envers vous, dit le tisserand.

— D'accord, répond le laboureur.

Quelques jours après, le tisserand trouve son champ cultivé pour la dernière façon et parfaitement fumé. Voilà une des actions que le curé de Vouxey a primées cette année..

La fête était complète. Un repas frugal, un bal champêtre terminaient cette journée destinée à honorer la vertu. Tout s'y est passé avec cette décence et cette joie naïve qui sont les compagnes des bonnes mœurs.

Quelques temps après, on a célébré une messe solennelle d'actions de grâces, pour remercier la Providence d'avoir béni le travail des habitants, accordé d'abondantes récoltes, donné aux parents la prudence et aux enfants la docilité.

Le baron de Tschoudi, citoyen de Metz et de Glaris, poète, littérateur, philosophe, etc., écrivit du fond de la Suisse au curé de Vouxey une belle lettre en lui envoyant une couronne de chêne vert et une ode : l'une formée d'un jet de ses arbres, l'autre était l'élan de la reconnaissance.

Les années suivantes le programme fut augmenté. Il y eut couronnement d'une rosière et prix de courses.

La distribution des prix fut précédée d'une *Exposition des industries locales*.

La bourgeoisie de Neufchâteau accourait à ces fêtes. Et François de Neufchâteau ne manqua pas d'y être aux premiers rangs. Et quand, vingt-cinq ans plus tard, il devint, en sa qualité de ministre du Commerce, « créateur des Comices agricoles, il fit preuve, comme le remarque très judicieusement l'abbé Pierfitte, de plus de mémoire que de génie. Il fit preuve aussi d'ingratitude, car il trouva moyen d'inaugurer la première Exposition nationale sans prononcer le nom du P. Duquesnoy, dont pourtant il s'appropriait l'œuvre.

C'était un prêtre ! c'était un religieux ! Oh ! si c'eût été un pasteur protestant, il en aurait parlé, comme plus tard il parla du pasteur Ban de la Roche, dans une brochure où il louait les « services rendus à l'agriculture par le pasteur Oberlin. »

Le nom du R. P. Duquesnoy était bien inconnu, bien oublié, même en Lorraine ; il faut remercier M. l'abbé Pierfitte de l'avoir fait connaître à ceux qui l'ignoraient encore.

TIMBRES-POSTE ET COLLECTIONNEURS

Il est difficile de parler des timbres-poste, sans consacrer logiquement quelques lignes à l'objet même qui en a motivé la création : le service des postes. Voici ce que nous dit M. Pierre de Castelnau :

L'établissement des courriers semble remonter à un temps assez reculé déjà, mais à l'origine la poste était une institution purement gouvernementale ; des courriers se relayant, transmettaient les ordres d'un souverain à ses représentants dans les provinces éloignées. Cyrus, ou suivant d'autres, Darius, chez les Perses, établit une ligne de courriers entre la mer Grecque et Suze. Postérieurement, Auguste, chez les Romains, employa des relais pour la rapidité des communications entre Rome et les frontières de l'empire. Il semble avéré qu'en Chine et au Japon, l'usage des relais de courriers est connu depuis fort longtemps. Charlemagne établit des lignes de postes en Italie, en Allemagne et dans une partie de l'Espagne. Plus tard, sous le règne de Louis X et en vertu d'un édit qui remonte à 1315, l'Université de France fut autorisée à entretenir, dans chaque diocèse, des messagers chargés du transport des lettres et des hardes de ses agents écoliers et suppôts. Mais c'est réellement à Louis XI que revient l'honneur d'avoir fondé les postes en France, sur des bases qui furent prises pour modèles dans tous les pays.

Louis XI établit des courriers, appelés maîtres-courriers, placés sous la direction du conseiller grand-maître des

CASSINI (1625-1712) ASTRONOME

coureurs de France, avec des relais de quatre en quatre lieues. Bientôt on songea à utiliser les relais pour les besoins des particuliers, qui furent autorisés à s'en servir moyennant le paiement d'une taxe fixée d'avance et qui était acquittée par le destinataire.

Sous les différents régimes qui suivirent, l'organisation du service des postes subit quelques légères modifications, lorsqu'en 1627 une grande amélioration y fut apportée : des courriers partant et arrivant à jours fixes, avaient été substitués sur les différentes routes du royaume aux estafettes et courriers extraordinaires, en même temps qu'on créa le premier tarif légal qui ait été appliqué à la taxe des lettres. M. d'Almeras était alors général des postes et relais de France.

Pendant l'époque de la première République et sous le premier Empire, le gouvernement fut trop absorbé par les affaires extérieures pour s'occuper sérieusement des postes, néanmoins la correspondance avait pris une activité inconnue jusque-là, et à partir de 1814 on dut songer à perfectionner ce service. Jusqu'en 1827 la taxe fut proportionnelle au poids des lettres et à la distance parcourue réellement.

Enfin, en janvier 1849, le timbre-poste fut créé en France, alors que depuis neuf ans il était d'un usage courant en Angleterre.

Je crois intéressant pour mes lecteurs d'écrire l'histoire de son origine, qui est assez mal connue.

Le timbre-poste a été imaginé par lord Rowland-Hill en 1840. Un jour que dans le pays de Galles il stationnait devant une hôtellerie, il vit venir un facteur apportant à la servante d'auberge une lettre de son père.

En ce temps, tout comme en France, l'obligation de

payer le port revenait au destinataire ; et la fille, après s'être informée de la somme à débourser, allait rendre la missive parce qu'elle n'était pas en état de verser l'argent voulu, lorsque lord Rowland-Hill, pris de pitié, acquitta la taxe.

Mais une fois le facteur reparti, la jeune fille, au lieu de le remercier, lui montra une belle feuille blanche, et lui expliqua que son frère, quand il écrivait, se contentait, par économie pour elle, de tracer près de l'adresse, des signes cabalistiques n'ayant de sens que pour eux et qui leur servaient de correspondance.

L'Anglais, scandalisé, chercha le moyen de préserver l'État de cette fraude et trouva de la sorte l'idée des timbres-poste, qui, par leur prix modique — un penny au début, — permettaient une correspondance suivie à travers les districts du pays, en même temps que par leur nombre ils augmenteraient les revenus du royaume. Ce projet présenté au Parlement fut accepté et mis en vigueur le 10 janvier 1840.

Les prévisions de Rowland-Hill se réalisèrent bientôt : en l'espace de dix ans, le nombre des lettres confiées à la poste passa de 1,500,000 à 7,230,660 !

Cependant la France eut vent de cette heureuse innovation, qu'elle adopta à son tour en 1849, et qui fut accueillie un an plus tard en Allemagne.

Je dois à l'extrême obligeance de M. le sous-secrétaire d'État des postes et télégraphes les renseignements qui suivent et qui indiquent la marche ascendante de la vente des timbres-poste dans notre pays :

En 1849, il fut vendu 21,232,665 timbres pour la somme de 4,446,766 francs 36 centimes.

En 1850, 21,523,175 timbres pour 5,021,060 fr. 74 cent.

En 1860, 253,301,259 timbres pour 44,576,036 francs.

Maintenant, le chiffre des timbres-poste vendus dépasse un milliard, pour une somme de plus de 300,000 millions.

Au commencement de 1860, tous les pays civilisés faisaient désormais usage de timbres-poste pour l'affranchissement des lettres; c'est vers cette époque que des marchands londonniens et américains entreprirent ce commerce, tandis que des bourses en plein vent s'établissaient partout, notamment à Paris, au Luxembourg et aux Tuileries.

Au début, l'art — car c'en est un véritable — de collectionner les timbres-poste s'appelait la Timbromanie, puis Timbrologie, aujourd'hui on dit Philatélie, mot tiré du grec et qui veut dire « ami des timbres. »

De toutes les choses qui peuvent se collectionner, le timbre-poste est assurément ce qui a réuni le plus grand nombre d'amateurs. Du haut en bas de l'échelle sociale, petits ou grands, et dans tous les pays, l'immense majorité des gens collectionne aujourd'hui ces petites images de papier.

— A quoi cela sert-il? me demandez-vous.

— A enseigner beaucoup de choses, vous répondrai-je. En effet, quoi de plus intéressant que d'étudier ces petits bouts de papier qui ont tant fait pour la cause de la civilisation et pour le développement du commerce? La Philatélie développe les habitudes d'ordre chez les jeunes gens, les invite à apprendre des langues étrangères, à étudier l'histoire, la géographie, l'ethnographie, éveille leur curiocriosité et leur donne aussi le goût des voyages.

Tout tranquillement et sans bruit, les Philatélistes ont, eux aussi, organisé, en 1900, une Exposition internationale qui a été inaugurée solennellement par M. Léon Mougeot, député, sous-secrétaire d'État des postes et télégraphes. Je suis heureux de constater que le succès de cette exposition a été très grand et très réel : j'y suis allé et je vous assure que je ne regrette pas le voyage.

Il est vrai que j'ai eu la bonne fortune d'avoir avec moi un guide érudit entre tous. En effet, comme je craignais, malgré une visite minutieuse, de laisser échapper une pièce rare ou intéressante, j'ai pris le parti de m'adresser, au hasard, à un des exposants présents, en lui indiquant le but de ma visite, et ma bonne étoile m'a fait faire coup double, car, outre qu'elle m'a fait trouver un cicérone charmant, elle m'a fait connaître aussi un de nos premiers et plus savants philatélistes : M. Th. Lemaire.

Avec la plus grande complaisance, M. Lemaire m'a piloté à travers toutes les salles et les galeries en appelant mon attention sur les particularités les plus curieuses offertes aux regards des nombreux visiteurs.

Comme j'admirais les collections particulières exposées dans les vitrines, mon aimable guide me dit :

— Aujourd'hui, la collection de timbres-poste n'est plus ce que le dictionnaire Larousse appelait un peu dédaigneusement « une monomanie qui sévit principalement sur les lycées. » La Philatélie a conquis sa place à côté de ses sœurs aînées la Bibliophile et la Numismatique ; elle est devenue non seulement un passe-temps délassant de leurs occupations absorbantes les gens les plus graves et les plus sévères, mais aussi une sorte de thésaurisation presque inconsciente dont nous avons eu un exemple frappant par le prix de revient et le prix que j'ai dû payer la célèbre collection de l'éminent écrivain philatéliste bien connu, le docteur Legrand....

— Sans indiscrétion, puis-je vous demander à quel prix vous vous en êtes rendu acquéreur ?

— Trois cent mille francs, et j'en achète souvent comme cela ; la différence entre les deux prix, continua M. Lemaire, est dans la proportion de 1 à 10, vous voyez que c'est ce qu'on peut appeler un placement de bon père de famille. Je dois me hâter de dire que le docteur Legrand était loin de chercher cette spéculation, car il n'a jamais collectionné que par amour de la philatélie et sans aucun esprit de lucre.

Profitant ensuite de l'offre gracieuse que me faisait M. Lemaire, je me suis rendu avec lui dans ses beaux magasins du 16 de l'avenue de l'Opéra, et j'ai suivi, pour ainsi dire, pas à pas l'histoire d'une collection de timbres-poste, c'est-à-dire comment celle-ci doit être commencée, entretenue et augmentée progressivement. J'ai vu passer devant mes yeux depuis l'enveloppe contenant pour les débutants des timbres variés, absolument authentiques et en parfait état, quelques-uns même assez rares, vendus malgré cela pour un prix plus que modique, jusqu'à la photographie de deux timbres de Maurice que M. Lemaire a vendus le 2 octobre 1897 pour la bagatelle de 48,000 francs.

Il paraît qu'une collection qui renfermerait tous les timbres existants (environ 35,000), serait d'un prix inestimable.

Actuellement, les plus belles collections sont celle de M. Ph. La Renotière, à Paris, qui a coûté une dizaine de millions ; celle que M. Tapling a léguée au Britisch Muséum, évaluée à plusieurs millions ; celle de Mlle P. Mirabaud, le banquier bien connu, qui se trouvait à l'Exposition philatéliste, et estimée également à plusieurs millions ;

celle du docteur Legrand, qui a été achetée par M. Th. Lemaire; d'autres enfin, au nombre desquelles il faut placer celles du Tzar, de la reine Wilhelmine de Hollande, de l'empereur d'Allemagne, du duc d'York, de M. A. de Rotschild et de M. François Carnot.

Ce sont les États-Unis de Colombie qui détiennent le record pour le nombre de variétés des timbres-poste : près de 300 ; puis ensuite les États-Unis de l'Amérique du Nord, l'Espagne, le Salvador; la ville de Shanghaï, à elle seule, en a 214. La Pologne et la Terre-de-Feu n'ont qu'un seul timbre.

M. Th. Lemaire a une vingtaine d'employés, spécialement chargés de classer les timbres par séries, de préparer les envois « à condition » qui sont adressés sur demandes aux amateurs et d'expédier les coquets catalogues qui sont tous les jours recherchés davantage. Le distingué philatéliste publie, depuis huit ans, le journal *le Philatéliste français*, qui est devenu le véritable guide de tous les collectionneurs.

Et quand j'aurai dit que pour classer tous ces timbres, il se fait des albums de tous genres et de tous prix, il ne restera plus à ajouter que M. Lemaire vient d'en éditer un en sept volumes qui est le dernier cri du progrès réalisé jusqu'à ce jour.

Le dernier mot sera pour M. Mougeot, qui, par une récente circulaire très nette et très précise, prescrit aux employés chargés du timbrage des lettres, d'apporter désormais un peu plus de soins lorsqu'ils mettent les cachets réglementaires sur les cartes et enveloppes ayant un cachet artistique ou un intérêt de collection.

Êtes-vous satisfaits, collectionneurs?

LES CYCLONES DU XIXme SIÈCLE

La destruction de Galveston, au Texas, par le terrible cyclone du 9 septembre 1900, est certainement la plus épouvantable catastrophe qui se soit jamais produite.

On avait bien entendu parler des tempêtes de 1810, 1837, 1843, 1845, 1864 et 1885, mais celles-ci ne firent pas un aussi grand nombre de victimes et ne jetèrent pas, comme au Texas, la désolation dans un pays entier.

L'ouragan de 1810, aux Antilles, fut très violent. Le jour où il se déchaîna sur les îles, des soldats stationnaient au camp baraqué de Beau-Soleil. Voyant le danger immédiat que couraient leurs hommes, les chefs ordonnèrent le sauve-qui-peut.

On vit alors les malheureux ramper à terre, les mains crispées après les ronces et les plantes, évitant d'être enlevés dans les tourbillons.

Pour atteindre le fort Richepanse, situé sur la hauteur de la Basse-Terre, c'est-à-dire à une lieue du campement, les soldats les plus vigoureux mirent sept heures. Le lendemain matin, les autres ne faisaient qu'arriver au fort, après quatorze heures passées dans une cruelle anxiété : une vraie lutte pour la vie.

Les champs, la veille, promettaient encore d'abondantes récoltes ; ils étaient à présent coupés par des ravins creusés par les torrents....

Le 2 août 1837, à l'île Saint-Thomas, un ouragan qui

dura six heures abattit tous les arbres et les maisons. Dans une hutte brûlait un falot; la hutte s'écroula et prit feu; en une demi-heure, la ville n'était plus qu'un amas de cendres.

Aux îles Rodriguez, le cyclone d'avril 1843 fut non moins désastreux.

Les capitaines déclaraient qu'ils n'avaient jamais assisté à une pareille tempête. On dit que les marins regardent toujours le dernier coup de vent comme le plus mauvais; mais ceux qui se sont trouvés dans un ouragan des tropiques, — tel celui-ci, — en parlent, après une longue vie passée en mer, comme d'un effroyable péril auquel nul autre n'est à comparer.

La vitesse du vent qui se manifestait était évaluée à cent milles par heure.

Des soldats vaillants et loyaux qui, pendant vingt ans, avaient combattu dans l'Inde, périrent ensevelis dans les flots, alors qu'ils s'apprêtaient à rentrer dans leurs foyers.

La trombe de Monville, en 1845, phénomène terrible qui coûta la vie à des centaines d'ouvriers, écrasa des milliers d'arbres et fit voler en éclats trois filatures.

Le propriétaire d'un de ces établissements venait d'en sortir et se dirigeait vers sa maison d'habitation. Entendant un horrible fracas, il se retourna : sa fabrique avait disparu. Il s'apprêtait à fuir vers sa maison, mais celle-ci n'était plus qu'une ruine.

La trombe s'était formée sur la Seine, au pied des falaises de Canteleu; elle se dirigeait du sud-est au sud-ouest; après s'être élancée dans la vallée de Maromme, elle alla vers Boudeville et Monville, puis vers la Haussaye et Clères.

On retrouva à Saint-Victor et à Torcy-le-Grand, à vingt-cinq kilomètres de Monville, des ardoises et des papiers emportés du lieu de la catastrophe.

Le cyclone de Calcutta, le 5 octobre 1864, dépassa en violence les précédents : les mosquées, les églises, le théâtre James furent démolis de fond en comble.

Le Bore, flot gigantesque amené chaque année par les moussons du sud-ouest, s'ajouta à la tempête et dévasta le port. Le Bore, qui d'ordinaire avait deux mètres de hauteur, dépassa quinze mètres.

Il y eut 5,000 victimes. Dans le quartier indigène de notre colonie de Chandernagor, 4,000 paillottes s'écroulèrent.

Le cyclone du Bengale, le 31 octobre 1876, jeta sur la côte tous les navires abrités dans le port de Chittagong.

La trombe de Canton, le 11 avril 1878, détruisit tous les établissements européens. Des magnifiques promenades plantées de banyans, il ne resta plus de traces.

A Madagascar, le cyclone du 25 au 26 février 1883 coula le steamer *l'Argo*, le voilier *la Clémence* et le transport *l'Oise*.

Onze Français périrent, ainsi que le médecin à bord de *l'Oise*, M. Pozzo di Borgo.

Pendant la tourmente qui sévit dans le golfe d'Aden le 3 juin 1885, l'aviso *Renard*, qui avait à son bord 70 officiers, 292 hommes et la famille d'un résident français, M. Sorrès, disparut, ainsi que *l'Augusta*, corvette allemande qui avait 230 hommes d'équipage. Jamais on ne retrouva d'épaves de ces deux bâtiments.

Mais parlons du dernier cyclone, celui de Galveston :

La ville de Galveston (*The Island City of Texas*) comptait, le 8 septembre, 65,000 âmes. Cette cité, créée en 1836, fut détruite en trois heures. De grands et superbes édifices rasés ; deux jetées gigantesques qui protégeaient le port et passaient pour les plus grandes du monde entier, enlevées par la mer ; trois viaducs de plusieurs kilomètres, reliant l'île de Galveston au continent, renversés : voilà l'œuvre destructive accomplie par la tempête.

La tourmente venue des Indes occidentales avec une force croissante, a duré depuis quatre heures du soir, le samedi, jusqu'à une heure et demie du matin, le dimanche.

La ville était plongée dans l'obscurité ; les habitants s'enfuyaient en poussant d'affreuses clameurs.

Les traînards périssaient noyés par les eaux de la mer qui s'élevaient de quatre mètres au-dessus de leur niveau habituel.

L'école des Hautes Études, l'école Rosenberg, les hôpitaux s'écroulèrent, ensevelissant sous leurs décombres élèves et malades.

Un orphelinat situé sur la plage a entièrement disparu. On a retrouvé dans ses ruines onze Sœurs et quatre-vingt-dix enfants.

Les marchandises détruites furent estimées à elles seules à cent millions de francs. D'innombrables faillites commerciales durent inévitablement se produire au Texas.

Après la catastrophe, des nègres formés par bandes s'emparèrent des spiritueux, puis, ivres, coupèrent les doigts et les oreilles des morts pour prendre plus vite leurs bijoux.

Ces infects gorilles, ces ignobles chacals, qui profitèrent de cette situation désastreuse pour assouvir leur passion cupide, reçurent un châtiment.

Pour rétablir l'ordre, le chef de la police, qui a fait preuve d'héroïsme, s'est précipité avec ses hommes et les citoyens valides à la poursuite des brigands dont beaucoup furent tués.

Il resta trente-six heures au travail, au péril, sans aller chez lui, bien que le sort de sa femme et de ses petits enfants fût des plus incertains. Comme on le pressait d'aller à leur recherche, il s'écria :

— Chaque homme à sa place ! Le devoir avant tout. Que Dieu soit bon pour les miens, comme je suis bon pour les autres !

On jeta ensuite quelques cadavres à la mer, mais, redoutant une épidémie, on fit des bûchers des autres et on y mit le feu. Cinq mille corps furent incinérés.

La ville fut entourée d'un cordon de 10,000 soldats. Les survivants réclamèrent des désinfectants.

Les hommes de mer furent unanimes à déclarer que le port de Galveston devait être abandonné, en raison de sa situation géographique dangereuse. On rappela les paroles d'un des directeurs de la *Southern Pacific Company*, qui avait dit qu'un beau jour les digues de Galveston seraient enlevées par un ouragan venu des tropiques. Le sinistre est arrivé juste un mois après la mort de l'ingénieur qui avait construit ces digues, M. Hutington.

De toutes les villes d'Amérique et des colonies européennes les secours affluèrent ; mais malgré la générosité et tous les efforts possibles, la misère, les souffrances physiques et morales accablèrent bien longtemps encore les malheureux sinistrés de Galveston.

LA PROPHYLAXIE DES MALADIES CONTAGIEUSES

Le 15 mars 1900, dans une conférence qu'il fit à Nancy, M. le docteur Brouardel dit textuellement ceci : « Il ne faut pas que le tuberculeux crache dans son mouchoir, car ce mouchoir souillé pourra, dans certaines conditions, devenir l'agent de la contagion. Du reste, on a remarqué que les blanchisseuses sont souvent atteintes par la tuberculose, et que, dans les villes d'eau où les tuberculeux viennent chercher une amélioration plus ou moins passagère, des foyers de tuberculose se sont développés, ayant le plus souvent leur point de départ parmi les personnes chargées du nettoyage du linge souillé. »

Au Congrès d'hygiène, dernièrement, M. Guyot fit remarquer que ces conseils, donnés à propos de la tuberculose, peuvent s'appliquer aussi bien à d'autres maladies contagieuses, dont les germes existent dans les sécrétions de la bouche, du nez et même des yeux. La diphtérie, la grippe, les pneumonies, les bronchites, les ophtalmies, les conjonctivites, la rougeole, la scarlatine, même guéries, peuvent se transmettre par l'intermédiaire du mouchoir, et le rôle de ce morceau de linge dans la propagation des maladies internes ne pourrait pas être mieux comparé qu'à celui de l'antique éponge qui promenait autrefois, de façon si effrayante, dans les services de chirurgie, l'infection purulente, l'érysipèle, la pourriture d'hôpital, etc.

Mélangé au linge sale, continue la *Revue scientifique*, à

laquelle nous empruntons ce compte rendu de la communication de M. Guyot, il sèche et contamine d'autant plus facilement les coffres et les chambres où on le conserve en attendant le blanchisseur. Celui-ci ne se fait pas scrupule de le secouer pour n'en pas prendre plusieurs à la fois en comptant le linge.

Le blanchissage comprend plusieurs opérations, dont la première consiste à faire tremper le linge sale dans des baquets d'eau froide pendant une nuit, après quoi on l'en tire en le tordant; l'eau résiduale est envoyée à la rivière, ou, s'il s'agit d'une blanchisserie urbaine, au tout à l'égout, ce qui revient à peu près au même, car les germes morbides peuvent se propager par l'épandage.

Comme tout le monde est exposé à boire l'eau ainsi polluée, on voit les résultats possibles : outre les entérites simples ou tuberculeuses, etc., on peut se demander si la recrudescence des cas d'appendicite, à laquelle nous assistons depuis quelques années, n'est pas due à l'absorption des eaux ainsi contaminées.

Il faut donc trouver le moyen de recueillir autrement, mais pour les anéantir aussitôt, les sécrétions de nos muqueuses respiratoires; ce moyen devra être simple, commode et à la portée de tous.

Ce moyen, pour M. Guyot, doit consister dans l'usage d'un mouchoir en papier, destiné à être brûlé après avoir servi, jouant ainsi le rôle de récepteur toujours à portée, et de corps combustible et désinfectant, par conséquent.

Ses avantages sont évidents; il supprime le blanchissage et les dangers du mouchoir de linge signalés plus haut : conservation pendant des jours, dessèchement et dissémination des germes, pollution des cours d'eau, etc. ; il peut être à notre portée dans toutes les phases de notre existence quotidienne, aussi bien que le mouchoir ordinaire, et bien mieux que le crachoir portatif, qui, d'ailleurs, ne peut servir au mouchage ni à l'essuyage, indispensable quelquefois; de plus, il n'est pas besoin pour lui de nettoyage, comme pour le crachoir, puisque c'est le feu qui s'en charge, et la plus pauvre demeure a son foyer, ne serait-ce que celui qui sert à la cuisson des aliments, si le chauffage ordinaire par les cheminées est supprimé pendant l'été; il a sur le crachoir fixe l'avantage de pouvoir être tenu aussi près que possible au contact même de l'orifice expulseur; on ne crachera plus « à côté. »

Le mouchoir en papier devra sans doute posséder certaines qualités spéciales que les fabricants sauront lui donner, quand il sera démontré que c'est lui qu'on doit employer pour réaliser ce desideratum de l'hygiène.

Lorsqu'on parle, qu'on tousse ou qu'on éternue, on laisse souvent échapper des gouttelettes de salive. M. Herman Koniger, dans le *Zeitschrift für Hygiène und Infections, Krankheiten,* rend compte d'une série d'expériences que résume la *Revue Scientifique*, desquelles il résulte que les mêmes germes contagieux dont nous venons de parler à propos des mouchoirs sont transportés par ces gouttelettes.

M. H. Koniger a pu s'assurer que dans une pièce où n'existait pas de courant d'air appréciable, la personne qui parle, tousse ou éternue, peut disséminer des germes à plus de sept mètres.

Les germes peuvent être portés en avant dans toutes les directions. Ils peuvent être portés à une hauteur de plus de deux mètres. On les retrouve même en arrière de la personne qui parle ou tousse.

Les gouttelettes ne sont émises que quand l'air expiré rencontre une certaine résistance. Il ne s'en dissémine

BRÉGUET (1747-1823) MÉCANICIEN ET HORLOGER

point dans l'expiration simple sans effort, ni dans la prononciation des voyelles. La dissémination par la parole est très différente suivant les individus. Elle est faible chez ceux qui parlent à voix basse. Elle peut être très notable cependant chez les sujets qui chuchotent.

Les germes disséminés à travers l'air au moyen de ces gouttelettes ne restent que peu de temps en suspension. Dans les expériences de M. Koniger, ils étaient presque toujours déposés après une heure, et même le plus grand nombre ne reste pas en suspension plus de dix minutes quand les portes et fenêtres sont bien closes et l'air peu agité.

M. Koniger pense que cette courte durée de la suspension des germes tient, comme l'avait supposé M. Flügge, à la constitution des gouttelettes. Celles-ci sont de véritables ballons microscopiques ayant au centre une bulle d'air ; quand celle-ci se rompt, le germe dont le poids spécifique est élevé, tombe et n'est plus charrié par l'air. Les expériences de l'auteur ont montré qu'en général les colonies qui se développent sur les plaques ont pour origine non pas un seul, mais plusieurs germes.

La dissémination des gouttelettes est plus marquée à la suite de la toux et de l'éternuement. Avec un germe plus volumineux que le « bacillus prodigiosus, » comme le « bacillus mycoides, » le transport se fait à une moindre distance et les dangers de dissémination sont moindres.

Ainsi la dissémination par les gouttelettes est surtout redoutable quand il s'agit de microorganismes. Tels sont ceux de l'influenza, de la peste, de la coqueluche, les pneumocoques, streptocoques, staphylocoques.

Le bacille de la tuberculose, celui de la peste et de la diphtérie sont plus volumineux que le « bacillus prodigiosus, » moins que le « bacillus mycoides. »

Le danger sera d'autant plus grand que la bouche renfermera plus de microbes pathogènes. Les lavages de la bouche, les gargarismes répétés diminueront le nombre de bacilles diphtériques susceptibles d'êtres détachés et auront ainsi une certaine utilité.

Le simple fait de placer devant la bouche la main ou un mouchoir prévient le déplacement des gouttelettes chargées, de bacilles tuberculeux. Par la même raison on devra éviter de parler pendant une opération. On pourra encore multiplier les mesures que suggère la notion si importante de la dissémination des microbes par les gouttelettes de salive.

HORLOGERIE MODERNE

On a pu voir à l'Exposition de 1900 quelques pièces d'horlogerie qui sortent du moule commun dans lequel se fabriquent, aujourd'hui, dans de grandes usines, montres et pendules par milliers.

Signalons d'abord une petite montre de 6 m/m 76 de diamètre, ne pesant pas un gramme, et qui marche fort bien. C'est une pièce précieuse à plus d'un titre, mais qui peut être appréciée surtout par les personnes qui sont petitement logées. Il est vrai que ces personnes-là ne sont pas généralement très favorisées par la fortune, et comme une montre de ce genre coûte fort cher, elles préfèrent, dussent-elles être gênées, la montre à bon marché, de fabrication mécanique, et que l'on trouve partout, même dans les magasins de nouveautés, au prix de 19 fr. 50, de 12 fr. 50 et même de 5 francs.

D'ailleurs, avec de la chance, on a encore pour ce prix un garde-temps supportable.

Pour créer des montres à aussi bon marché, le procédé est bien simple : On achète 500,000 francs d'outillage de précision, on le met aux mains d'ouvriers habiles, et la spéculation est excellente si la vente est abondante. Si on ne vendait qu'une montre de 5 francs, elle vaudrait environ 500,000 francs.

Cela explique surabondamment pourquoi, quand on crée une montre unique, celle-ci revient à un prix assez élevé, et nous voici à parler d'une seconde merveille de l'horlogerie, une montre de M. Leroy, commandée par un riche amateur, à laquelle on a travaillé trois années consécutives, et qui coûte 20,000 francs. Ce modèle n'est donc pas encore pour les gens besogneux qui renoncent aux montres, si portatives, de 95 centigrammes.

Nous pouvons leur donner, sinon la satisfaction de posséder une montre de ce genre, du moins celle de connaître tout ce qu'un habile horloger peut arriver à loger dans un boîtier de 0 m,05 de diamètre, sur 0 m,01 d'épaisseur. Voici l'énumération de tout ce que l'on trouve dans ce curieux mouvement, composé de 975 pièces :

1° Le quantième des jours ;

2° Le quantième perpétuel des mois ;

3° Le quantième perpétuel des dates ;

4° Le millésime donné par un cercle de dix ans, avec 9 cercles de rechange pour compléter le siècle;

5° Les phases de la lune ;

6° Les saisons, solstices et équinoxes ;

7° Un chronographe-secondes ;

8° Un chronographe-minutes ;

9° Un chronographe-heures ;

10° Un cadran indicateur du degré du développement du ressort ;

11° Le mécanisme de grande sonnerie, petite sonnerie et silence ;

12° Le mécanisme de répétition des heures, quarts et minutes, avec carillon de trois timbres pour les quarts ;

13° Un disque représentant l'état du ciel boréal à l'heure précise marquée par la montre. Ce disque est animé du mouvement sidéral, en avance de 236 secondes par 24 heures sur le mouvement solaire.

Il est composé d'une plaque extra-mince d'acier dans laquelle 226 étoiles sont représentées exactement, en 4 grandeurs différentes, par des goupilles d'or.

14° Un disque avec mécanisme de rechange pour le ciel austral, avec le pôle Sud comme centre du mouvement et 250 étoiles d'or.

Ces deux ciels donnent le passage des étoiles au méridien, avec une approximation de deux minutes ;

15° Les levers du soleil ;

16° Les couchers du soleil ;

17° Un thermomètre métallique, donnant les degrés centigrades entre — 20° et + 60° ;

18° Un hygromètre à cheveu ;

19° Un baromètre anéroïde dont le cadran est mobile afin de permettre le réglage ;

20° Un altimètre enregistrant les pressions et altitudes jusqu'à 5,000 mètres ;

21° Un système spécial de raquetterie, avec aiguille sur le cadran ;

22° Un cercle de 24 heures donnant l'heure des 125 principales villes du globe ;

23° Une boussole logée dans la couronne de remontoir ;

24° Enfin sur le couvercle, les 12 signes du zodiaque.

Le possesseur d'une pièce mécanique si rare semble un privilégié. Si l'on songe cependant à l'ennui que l'on éprouve quand on brise sa montre, par exemple, il faut convenir qu'il va de gaieté de cœur au-devant de véritables chagrins. Si on laisse tomber une montre vulgaire, on la confie au premier horloger venu, et, pour quelques francs, il rétablit sa santé. Mais la montre aux 24 indications et aux 975 pièces ne peut guère être mise qu'aux mains de ceux qui l'ont construite; la moindre réparation doit demander de longs mois, et son propriétaire s'aperçoit peut-être alors que payer 20,000 francs ces ennuis, c'est un peu cher. Cela prouve une fois de plus que la fortune ne fait pas le bonheur.

On peut ajouter que le décompte de la vie, sur un chronogramme aussi parfait, ne prouve rien en faveur de la perfection de cette vie. Donc, très chers lecteurs, n'achetez pas de montres de 20,000 francs ; et que ceux qui verraient dans ce chapitre une intention de réclame en soient pour leur courte honte.

NOS AUXILIAIRES LES MICROBES

On a dit assez de mal des microbes pour qu'il soit permis peut-être d'en dire aussi quelque bien. Voilà longtemps qu'ils travaillent pour nous, sans rien réclamer de l'injustice des hommes, et n'étaient les travaux de l'immortel Pasteur, nous serions peut-être encore absolument ignorants des auteurs de nombreux phénomènes qui se produisent chaque jour sous nos yeux.

Notre pain lève : nous le devons au microbe.

Notre vin, notre bière, notre cidre fermentent : le microbe est encore là l'unique agent du phénomène.

C'est lui qui fait de l'alcool avec le sucre, et du vinaigre avec le vin.

Nos terres reprennent leur fertilité; c'est encore à son travail que nous le devons, plutôt peut-être qu'au laboureur, qui n'a été que son auxiliaire.

Malheureusement, si nous connaissons bien les microbes, nous ne sommes pas arrivés encore à les dresser, de façon à diriger leurs travaux avec une complète certitude; cela viendra, sans doute, mais aujourd'hui encore, ils n'acceptent pas volontiers la servitude : nous voulons faire du bon vin, avec des ferments sélectionnés; nous dépassons le but et nous n'obtenons que du vinaigre.

La gélatine, que l'on veut solidifier en plaques pour en faire de la colle forte, est quelquefois envahie par un microbe qui liquéfie toutes les matières en traitement, et qui s'y multiplie avec un tel entrain qu'il faut tout sacrifier, et quelquefois les ateliers empoisonnés eux-mêmes.

Nos fromages ne prennent leur saveur que par le travail de ces infiniment petits, mais c'est eux aussi qui les mettent à mal et les font tourner au moment où on espérait en tirer parti.

Voici qu'aujourd'hui on les fait travailler à la fabrication des couleurs, et telle dame qui vit dans la crainte des microbes, porte une robe dont ils ont été les teinturiers. Certaines bactéries, en se développant, forment des pigments colorés très intenses. M. Macé, de Nancy, en a même trouvé qui donnent les couleurs que l'on veut : il suffit de changer leur régime, de leur donner une nourriture convenable, allions-nous dire, c'est terrain de culture qu'il faut prononcer.

Cultivées sur la pomme de terre cuite, ces bactéries donnent le bleu indigo; sur la gélatine à l'eau, le vert; sur la gélatine au bouillon, le rouge vif.

Aujourd'hui la culture de ce microbe coloriste est pratiquée sur une grande échelle dans l'industrie de la teinturerie. Sur des pommes de terre cuites à l'eau et coupées, on dépose comme ensemencement une trace de cette bactérie; en quelques heures, par une température suffisante, toute la surface est colorée. Le produit étant soluble dans l'alcool, rien de plus facile que de le recueillir par simple lavage; on l'utilise sans mordant.

Le microbe qui épile est aussi bien connu. Nos têtes chauves le cultivent sans conviction. Ne pourrait-on l'utiliser? Ne nous a-t-on pas cent fois demandé le moyen de faire disparaître un duvet trop abondant?

Mais, nous l'avons dit, nous sommes encore bien ignorants sur les conditions de la vie et du travail chez ces petits organismes. Dans un milieu favorable à la température qu'ils aiment, ils sont d'une activité surprenante; mais survienne le moindre changement de régime, quelques degrés de chaleur en plus ou en moins, ils disparaissent ou font des besognes absolument inattendues. Hélas! nous pressentons une foule de choses dans la nature, mais nous les ignorons à peu près toutes plus ou moins complètement.

LE CRABE VOYAGEUR

On sait que les gens de mer sont, par destinée, de grands voyageurs. Il semble que l'eau salée donne ce goût à tous ceux qui la fréquentent. Sauf les huîtres et quelques autres espèces, la faune maritime est toujours en route. Le crabe lui-même est un voyageur, paraît-il.

Les personnes qui vont au bord de la mer et qui le voient se cacher dans les cavités des roches sont portées à le regarder comme un ermite. Les recherches du *Fishery Board*, en Angleterre, nous révèlent que c'est là une complète erreur.

Des quantités de ces crustacés ont été capturés, puis marqués, et enfin remis en liberté. Avis ayant été donné aux pêcheurs de la région de l'expérience en cours, et de l'intérêt qu'il y avait à recueillir ces crabes en notant la date et le lieu, bon nombre de ceux que les pêcheurs ont capturés ont été renvoyés au *Board*, qui a pu de la sorte tirer quelques conclusions à l'égard des mouvements de ces animaux. La principale, c'est que les crabes ne sont nullement des animaux sédentaires : ils voyagent au contraire beaucoup. Ils se déplacent avec une vitesse très variable d'ailleurs, et il leur arrive de faire plusieurs kilomètres en quelques jours. Un crabe qui fut lâché en septembre 1899, à Dunbar, a été trouvé au commencement de mai 1900, dans la baie de Saint-Andrews; il avait donc traversé l'embouchure du Forth, large de 25 kilomètres environ. En dehors de la migration le long des côtes, les crabes présentent une migration verticale : en hiver, ils gagnent les eaux profondes, plus éloignées de la côte, pour trouver plus de chaleur ; en été, c'est le mouvement inverse : ils viennent aux abords du rivage.

Si les baigneurs en villégiature dans les stations balnéaires maritimes se figurent que c'est pour jouir de l'animation qui règne alors sur les plages, ou pour leur donner le plaisir d'une pêche amusante, ils se trompent. Les crabes ne font ainsi que se conformer aux lois qui régissent les déplacements d'une foule d'habitants des mers.

LA MARINE
ET LE LAC DES QUATRE-CANTONS

Rien ne peut donner une idée du panorama qui se déroule devant les yeux quand on arrive à Lucerne par la superbe gare récemment construite. C'est un décor merveilleux, comme beaucoup de ceux que M. Hervagault nous a si brillamment représentés dans ses charmantes et vivantes impressions de vacances. Mais les beautés de la Suisse primitive sont tellement grandioses qu'elle défient toute description, comme il le dit si bien lui-même, dans ce style élégant et net dont il a le secret.

Le lac des Quatre-Cantons (Uri, Unterwalden, Schwyz et Lucerne) est certainement l'un des plus beaux et des plus originaux de la Suisse. Son encadrement de collines riantes et fleuries se mirant dans ses ondes pures dominées par des montagnes, qui, de gradins en gradins, s'élèvent jusqu'aux sommets étincelants des majestueux glaciers couronnés de neiges éternelles, lui donne un cachet de grandeur et de poésie incomparables, et quand on a le bonheur de pouvoir assister à l'un de ces admirables couchers de soleil qu'on voit si rarement dans les pays de montagnes, on est enthousiasmé, et l'on ne peut s'empêcher de s'écrier avec le psalmiste : « Que vos ouvrages, Seigneur, sont grands et merveilleux! »

En même temps que l'espoir de l'homme s'élève quand il gravit les cimes jadis inaccessibles, il se fortifie et se réjouit quand il redescend dans les fertiles vallées et sur les bords fleuris de ce beau lac, sillonnés par une foule d'élégants navires à vapeur, qui portent partout l'admiration et la gaieté. Quand on était obligé, pour jouir du splendide panorama des montagnes neigeuses, de les gravir péniblement, en courant les plus grands dangers, on traversait le lac des Quatre-Cantons sur de lourdes barques manœuvrées à la rame, qui ne faisaient pas de cette traversée un voyage d'agrément.

A présent, tout s'est modifié, et pendant que les chemins de fer escaladent audacieusement les pics les plus élevés, les bateaux à vapeur, rivalisant avec eux, pénètrent dans tous les ports, et il n'est, pour ainsi dire, pas un point du lac des Quatre-Cantons qu'ils ne relient à Lucerne.

De nombreux départs ont lieu chaque jour, presque à chaque heure, soit des quais de la ville, soit de la gare, et l'on peut dire qu'à Lucerne, on a vraiment le pied partout ; car on atteint Flüelen, qui est tout à fait à l'autre extrémité du lac, en deux heures et demie, ce qui est une promenade ravissante, que nous recommandons à nos chers lecteurs quand ils pourront venir passer quelques jours en Suisse.

Cette flottille de charmants bateaux à vapeur, qui donne une si grande animation au lac des Quatre-Cantons, est vraiment remarquable à tous les points de vue. Grâce à l'obligeance de M. Schmid, qui dirige depuis trente ans cette belle entreprise de navigation à vapeur, à laquelle il a fait atteindre un si beau développement et un si haut degré de prospérité, grâce aussi à l'empressement de ses aimables capitaines : MM. Kerger, de *l'Italie*, Segesser, du *Victoria*, et le charmant, gracieux et si obligeant M. Pfister, commandant du *Gothard*, que nous remercions d'une manière toute particulière, il nous a été permis de l'étudier dans tous ses détails et nous en avons été véritablement charmé.

Les quatorze navires à roues, qui forment la marine du lac des Quatre-Cantons, sont tous à peu près du même type, mais varient un peu de dimensions. Le plus grand d'entre eux, le *Stadt-Laizem*, a 60 mètres de long sur 7 m. 50 de large et une machine de 700 chevaux, tandis que le plus petit, *le Mégé*, n'a que 37 m. 80 de long sur 4 m. 20 de large et une machine de 155 chevaux. Mais tous sont également gracieux et confortables pour les passagers. La seule chose qui nous a surpris, c'est que, dans un pays aux mœurs si démocratiques que la Suisse, une place ne soit pas réservée sur l'avant du *roof-promenade* aux voyageurs de deuxième classe, qui sont parqués sur le pont, à l'avant du navire, comme de véritables moutons.

Tous ces bateaux, construits dans les usines de MM. Escher, à Zurich, et Sulzer frères, à Winterthür, sont de véritables merveilles de grâce et d'élégance, ce qui ne les empêche pas d'être solides et capables de faire un rude service. Les machines sont tout à fait hors ligne par leur solidité et le fini de leur exécution.

Les diverses parties de la coque et de la machine ont été envoyées, morceau par morceau, à Lucerne, où, sous l'habile direction de M. Mesery, que nous remercions de l'extrême obligeance qu'il a mise à nous faire visiter ses chantiers, ils sont rapidement montés et mis en place. Au bout de neuf mois, la coque peut être mise à l'eau, et deux mois après, le navire est capable de prendre son service.

Une fois dans leur lac, les fringants bateaux y font de vieux os, comme on dit, car on procède pour eux comme pour le couteau de Jeannot, auquel on changeait, successivement, la lame et le manche, de sorte qu'il était toujours neuf. Ainsi, le *Rigi* qui date de 1848, c'est-à-dire a cinquante-deux ans sonnés, vient d'être à peu près complètement refondu : machine neuve, coque remise à neuf, et il va pouvoir gaiement commencer son deuxième cinquantenaire. *Le Victoria,* construit en 1870, a reçu, lui aussi, une nouvelle machine en 1898. Tous les deux ans, à peu près, chaque navire est halé sur une magnifique cale de 60 mètres de long sur 15 mètres et demi de large, au moyen d'un chariot ingénieux qui est une espèce de cale mobile sur laquelle on le fait monter peu à peu, par poussées de 2 m. 50, produites par une machine remplissant l'office de cabestan à vapeur.

Une chose que nous avons admirée aussi, c'est la sûreté de coup d'œil des capitaines et la facilité avec laquelle ils effectuent leurs manœuvres, qui ne sont pas toujours des plus aisées. Leur marche, en arrière surtout, quand il faut aller accoster le quai de la gare, se fait avec une maestria incomparable. Ces navires filent généralement de 15 à 16 nœuds ; ils ont un capitaine, un mécanicien, deux ou trois chauffeurs, une quinzaine d'hommes d'équipage, et font environ une dizaine d'heures de service par jour.

Ce personnel très méritant et fort capable fait un service qui, pendant la mauvaise saison, devient pénible et dangereux. Les fréquents coups de vent, les brouillards rendent aussi parfois la navigation peu aisée, et il n'est pas douteux que des hommes qui supportent si vaillamment de telles fatigues seraient aptes à devenir d'excellents marins, à l'occasion.

Ne dédaignons donc pas les marins d'eau douce, qui ne sont pas ce qu'on pense généralement, car tout dans leur métier se rapproche du nôtre, et, bien que naviguant dans l'intérieur des terres, ils affrontent souvent de véritables tempêtes qui soulèvent les eaux, et les vagues de leurs lacs deviennent quelquefois presque aussi fortes que celles de la mer et impriment à leurs bateaux des oscillations de roulis et de tangage qui donnent un avant-goût du mal de mer. Il ne leur serait certes pas bien difficile de s'amariner, et, dans un pays comme le nôtre, doté d'une grande marine, ils pourraient devenir, en cas d'urgence, d'excellents auxiliaires de la marine militaire. L'inscription des marins d'eau douce compléterait notre inscription maritime.

LES MARBRES

On applique souvent à tort le nom de marbre à des pierres d'ornementation, telles que le porphyre, le granite, la diorite, la serpentine, qui n'ont ni la composition, ni les propriétés physiques de cette matière. Le marbre est essentiellement un carbonate de chaux; sa dureté est plus ou moins grande, suivant qu'il est plus ou moins cristallin et mélangé de substances plus dures que lui; mais il se laisse toujours rayer par l'acier. Il fait effervescence avec les acides; le choc du briquet n'en tire point d'étincelles; dans nos climats, il perd à l'air le poli qui lui a été donné. Le véritable marbre est opaque; si le carbonate de chaux devient sensiblement translucide, il passe à l'onyx et à l'albâtre.

Les marbres ont été, à l'origine, des dépôts sédimentaires; leur aspect cristallin s'est produit à la longue, soit par le voisinage de phénomènes ignés, soit par le simple déplacement de leurs molécules passant de l'état amorphe à l'état cristallisé.

Le marbre blanc à grain fin est principalement employé pour la statuaire. Les Grecs recherchaient à ce point de vue le marbre de Paros; c'est ce marbre qui a donné naissance à la Vénus de Médicis et à la Diane chasseresse. Le marbre blanc de Luni a servi pour l'Apollon du Belvédère; le marbre du Pantélique a été employé pour le torse du Belvédère, le Bacchus au repos, etc.; celui du mont Hymette était aussi apprécié. La statuaire moderne a fait

LE DOCTEUR PASTEUR

4

principalement usage des marbres de Carrare et de Gênes.

A l'égard des marbres de couleur, l'industrie et l'art emploient une terminologie assez variée ; il est bon d'en connaître les expressions les plus usuelles. Les brèches sont formées de fragments généralement anguleux noyés dans un ciment de couleur différente ; elles peuvent être du plus bel effet ; dans des soubassements de notre Musée des Antiques, on a employé une magnifique brèche à pâte blanche semée d'esquilles noires. Les griottes (nom qui est celui d'une variété de cerise) sont des marbres d'un rouge foncé parsemé de taches noires, ou bien brunes avec des taches rouge-cerise. Les brocatelles rappellent les tissus du même nom qui imitent le brocard, c'est-à-dire des étoffes brochées de soie, d'or et d'argent. Les lumachelles (de l'italien : *lumachella*, limaçon), appelées aussi drap de mort, petit granité, ont le fond noir foncé, noirâtre ou gris, semés de taches blanches, qui sont des coquilles ou des polypiers fossiles ; il y a aussi des lumachelles à fond rouges ; celle d'Astrakan, d'une grande beauté, a des coquilles d'un jaune orangé. Le cipolin (du latin : *cæpula*, oignons, à cause de sa structure foliacée) est un marbre blanc-grisâtre, contenant des couches vertes de substance talqueuse. Le portor (de « porte-or » ou de *Porto-venere*, lieu d'exploitation en Italie), est un marbre magnifique, rare et cher, d'un noir foncé sillonné de veines fines d'un jaune d'or ; Louis XIV en a fait usage dans le palais de Versailles.

La France est riche en marbres blancs et de couleur, souvent fort beaux.

On a pu voir, à l'Exposition universelle de 1900 au Champ-de-Mars, dans la galerie extérieure, des vases, des cheminées, des colonnes, des panneaux, etc., en marbres des Hautes-Pyrénées et du Jura, dont plusieurs sont d'une grande beauté. Parmi les premiers, on peut citer un marbre à pâte rouge foncé, rempli de modules plus clairs et traversée de quelques veines blanches, et des colonnes d'une nuance générale vert tendre donnée par une pâte blanchâtre avec un réseau de veinules vert foncé; parmi les seconds, un panneau vert « Canrobert » à deux teintes vertes distinctes, mais enchevêtrées qui donnent à la pierre un aspect moussu très particulier, un marbre griotte à pâte rouge foncé avec des modules roses, une belle brocatelle violette ou plutôt fleur-de-pêcher, et un jaune de Sienne en grande partie translucide, comme les onyx d'Algérie, avec des traînées noires, ce qui lui donne le vague aspect d'une peau de tigre.

LES TACHES SOLAIRES INDICES DE CHALEUR

Les plus récentes observations des taches du soleil confirment cette idée, qui nous a toujours paru rationnelle, que ces taches sont plutôt des apparences que des phénomènes révélateurs d'un changement d'état dans le soleil, surtout qu'elles n'indiquent aucun refroidissement.

M. Moreux, à la suite de longues études sur les taches solaires et de l'examen de l'une d'elles en juin 1900, au moyen de la grande lunette de l'Exposition, estime que les taches indiquent non des points refroidis, mais des points surchauffés.

Rappelons la constitution du soleil : au centre, un noyau liquide ou solide qualifié d'obscur, mais à un point de vue relatif, car un corps incandescent ou une flamme peut paraître obscure en se détachant sur un fond plus brillant ; une atmosphère très brillante nommée photosphère, dont l'éclat est attribué à la précipitation, à l'état solide ou liquide, de corps volatisés retombant de régions plus élevées et moins chaudes ; une atmosphère supérieure moins brillante, appelée chromosphère, composée principalement d'hydrogène, s'élevant en jets, en colonnes immenses, qui constituent les protubérances roses, la couronne des éclipses.

Pour M. Moreux, les taches ne sont ni des volcans, ni des cyclones, mais des régions surchauffées. Toute augmentation de chaleur à la surface du soleil, par le fait même qu'elle favorise les phénomènes de dissociation, supprime la radiation photosphérique et doit produire une région sombre. Ce surcroît de chaleur, nécessaire à la formation des taches, trouve sa cause dans la condensation locale des matériaux de la couronne de la chromosphère. De plus, il faut admettre qu'une tache est en même temps le centre d'une région de haute tension qui s'oppose à ce que les gaz atteignent un niveau plus élevé où ils pourraient se combiner et donner lieu au phénomène de la radiation. La couleur violette du noyau des taches apporte une confirmation à cette nouvelle théorie hyperthermique de celles-ci, car si le noyau était plus froid que la photosphère, sa couleur devrait se rapprocher du rouge du spectre, tandis que c'est le contraire qui a lieu.

LE TÉLÉGRAPHONE

C'est un succès bien mérité que celui obtenu à l'Exposition universelle de 1900 par M. Valdemar Poulsen, ingénieur danois, par l'exhibition et le fonctionnement de l'appareil dénommé par lui télégraphone et qui est, non un perfectionnement, mais une transformation complète du phonographe.

On sait que pour obtenir le phonographe, on prend d'abord une membrane vibrante, derrière laquelle est fixée une légère pointe métallique. Si l'on parle au dessus de cette membrane ou de cette plaque, elle se met à osciller avec la pointe qu'elle porte, et si, tout près de celle-ci, on fait tourner un cylindre enduit de cire, la pointe tracera à sa surface, pour chaque son émis, un sillon plus ou moins profond et allongé. Si ensuite on fait tourner le cylindre ainsi gravé à portée d'une pointe et d'une membrane semblable, la pointe repassant dans toutes les sinuosités de la surface cylindrique, la membrane réceptrice vibrera comme la membrane expéditive et émettra les mêmes sons qui avaient impressionné celles-ci; mais ces sons ne seront pas purs, car le frolement de la pointe contre le rouleau y mélangera son bourdonnement, son bruit nasillard; de plus, la moindre poussière, la moindre déformation dans le rouleau, dans la couche de cire ou dans la membrane pourra les altérer, les affaiblir ou les éteindre.

Dans l'appareil de M. Poulsen, tous les organes altérables et parasites sont supprimés et l'on perçoit les sons avec une netteté primitive. Il consiste simplement en ceci : sur une ligne téléphonique ordinaire est intercalé un très petit électro-aimant devant lequel tourne un fin ruban d'acier enroulé en spirales. Si l'on parle dans le téléphone les modifications magnétiques provoquées dans la bobine et dans la ligne vont se produire dans l'électro-aimant d'où elles passeront dans la portion du ruban métallique circulant devant celui-ci qui, chose inattendue, les conservera avec leurs variations d'intensité, en s'aimantant lui-même. Il suffit ensuite de faire repasser le ruban d'acier devant un récepteur téléphonique muni du même électro-aimant pour que l'aimantation produite par les vibrations sonores originaires se traduise de nouveau en sons de même nature et de même valeur. Ajoutons que l'on peut faire disparaître l'aimantation du ruban ou du fil d'acier en le faisant passer devant un aimant ou un électro-aimant de puissance suffisante.

En un mot, comme le dit M. Émile Gautier, avec sa précision et sa clarté habituelles, « on peut imaginer le télégraphone sous la forme d'un ruban d'acier tendu entre deux tambours, comme une courroie de transmission, et animé d'un mouvement rotatif continu qui l'amène tour à tour devant un électro-aimant inscripteur, puis devant une série d'électro-aimants parleurs et enfin devant un dernier électro-aimant effaceur, de façon à enregistrer sans interruption toute une longue conversation, tout un opéra, pendant qu'un nombre quelconque d'abonnés écoutent çà et là, chacun au bout de son fil. »

PIGEONS VOYAGEURS A LA MER

On se souvient des essais de correspondance entre les paquebots en mer et la terre, par les pigeons voyageurs. Tout récemment, on a raconté leurs prouesses pendant les manœuvres des escadres réunies à Cherbourg. Ces charmants petits messagers viennent encore de se surpasser. Alors qu'ils avaient étonné nos marins — habitués à ne compter sur eux que pour les trajets de 50 milles — en effectuant, sans le moindre accident, une traversée de 250 milles. Ceux de la Compagnie des Transatlantiques ont royalement battu ce record.

Emmenés du Havre le 20 juillet 1900, à dix heures du matin, par la *Touraine*, huit pigeons sont rentrés à leur colombier, à Rennes, après avoir, malgré un vent contraire, parcouru en neuf heures seulement, 324 milles, soit environ 583 kilomètres en mer. Ce trajet considérable, accompli en si peu de temps, a établi un record double : le maximum de distance et le minimum de temps[1].

COMMUNICATIONS TÉLÉGRAPHIQUES INTERROMPUES PAR UN SERPENT

Tandis que ces gracieux messagers ailés font de telles prouesses pour apporter de si loin des nouvelles, on cite un serpent qui s'est avisé d'interrompre les communications télégraphiques. Il est vrai que c'est un serpent américain. Les employés du télégraphe de la ligne du Missouri, Kansas et Texas constataient récemment que le circuit était interrompu entre Vinita et Adair. Un praticien envoyé pour inspecter les fils, découvrit, près de Vinita, un obstacle étrange qui interceptait le courant électrique. Un énorme serpent de quatre pieds de long, avait rampé jusqu'au sommet du poteau télégraphique, et, en roulant sa queue autour du fil le plus haut attaché au poteau, avait entortillé l'autre partie du corps autour d'un fil inférieur. Le serpent avait naturellement été foudroyé, mais le courant du dernier fil avait continué à passer à travers le corps du reptile pour rejoindre le courant du premier, de telle sorte que le circuit était interrompu. La réparation fut facile à faire : il suffit d'enlever le corps du serpent.

SUCRE DE BOIS ET CIMENT DE BOIS

Il y a quelques années, la fabrication du sucre de bois, la saccharification du bois, excita une grande curiosité, souleva même des incrédulités. Mais depuis les chimistes ont vaincu toutes les difficultés : il existe de nombreux brevets qui décrivent des procédés divers d'y réussir. Aujourd'hui, le bois, la sciure de bois, et généralement toutes les matières qui contiennent de la cellulose, de l'amidon et de la matière amylacée, sont chimiquement et pratiquement transformables en sucre et en alcool. Nous empruntons à la *Revue de chimie industrielle* la description suivante très intéressante d'un récent brevet pris sur l'un de ces procédés par M. Alexandre Classen :

En soumettant la cellulose à l'action simultanée d'une dissolution aqueuse d'acide sulfureux et d'acide sulfurique, la distillation des bois peut déjà se faire à une température de 120 à 145 degrés centigrades après un traitement d'environ quinze minutes. La température nécessaire dépend d'ailleurs de l'espèce de bois traitée ; ainsi, la conversion du bois de bouleau s'opère déjà à une température de 130 degrés, celle du sapin à environ 145 degrés ; au-dessous de ces températures, le rendement est plus faible.

On peut employer un mélange, préparé d'avance, d'acide sulfureux et d'acide sulfurique (celui-ci d'une concentration de 0,2 pour 100), ou, ce qui est bien préférable, on forme l'acide sulfurique dans l'appareil, de façon à le faire agir à l'état naissant.

En opérant de manière à déterminer la formation de l'acide sulfurique, principalement à la température qui, pour chaque espèce de bois, a été trouvée la plus favorable pour le rendement, on obtient pour 1 kilogramme de bois à l'état sec au moins 300 grammes de glucose (dosé par réduction de la solution cuprique), dont 80 p. 100 (quelquefois même 87 p. 100), se transforment par la fermentation en alcool, ce qui correspond à un rendement effectif d'environ 120 grammes d'alcool absolu.

Quand on soumet les matières renfermant de la cellulose à l'action seule de l'acide sulfurique, l'air dans l'appareil ayant d'abord été déplacé par l'hydrogène et les autres conditions de l'essai restant les mêmes qu'auparavant, on obtient un rendement en sucre d'environ 15 p. 100 seulement, la fermentation n'a pas été effectuée, ce qui prouve que, de beaucoup, la majeure partie du rendement en sucre est due à l'action combinée de l'acide sulfureux et de l'acide sulfurique.

Pour l'obtention de l'acide sulfurique, on peut se servir :

1° De l'action de l'air atmosphérique ou d'autres mélanges de gaz riches en oxygène;

2° De l'action de substances capables de transformer l'acide sulfureux en acide sulfurique, en cédant de l'oxygène, par exemple, des peroxydes, des permangates, des manganates ou d'autres corps agissant d'une façon analogue.

*
* *

Du sucre ou du ciment, cela ne ressemble guère tout au moins comme résultats. Cependant on fabrique maintenant du ciment avec du bois. Du reste, ce n'est pas précisément nouveau comme invention ; mais, comme son application tend à s'étendre, il n'est peut-être pas inutile d'en dire quelques mots, puisque cette utilisation du bois est encore peu connue du public.

Le ciment de bois « Holzcement » est une composition inventée en 1838, par l'Allemand Hœusler, laquelle est employée couramment en Allemagne depuis de nombreuses années, notamment dans la construction des toitures-terrasses pour casernes, hôpitaux, gares de chemin de fer, écoles, etc.

Cette matière, fournie par diverses usines allemandes, échappe, par sa nature et l'assimilation de ses éléments, à une analyse exacte ; sa composition, restée secrète jusqu'à présent, paraît toutefois comporter du goudron de houille, auquel viennent s'ajouter du soufre, du brai, de la gomme, du noir de fumée et du poussier de charbon dans des proportions inconnues. Elle a une consistance molle et non liquide, et on la renferme dans des tonneaux qui facilitent son exportation.

Ce ciment donne de très bons résultats; s'il en faut croire le concessionnaire en France, M. E. Piqueux, de Reims, la toiture-terrasse en ciment de bois de la halle aux vins de Hirschberg (Silésie), construite en 1839, n'aurait donné lieu à aucun entretien jusqu'en 1882, époque à laquelle le bâtiment fut agrandi; la toiture, vérifiée par des architectes du gouvernement, fut trouvée en très bon état.

En France, diverses applications ont été faites par le génie militaire, d'abord au fort de Caluire, puis dans diverses chefferies du 14e corps d'armée et à des baraquement de la région des Alpes. Le prix ressort en moyenne à 8 fr. 50 par mètre carré.

Donc sucre ou ciment ont ici même origine, et ce ne sont là que quelques-unes des matières que l'on tire du bois. Comme le bois se raréfie, ce ne sont pas ces nouvelles utilisations qui vont en faire diminuer le prix. Demandez plutôt aux fabricants de papier !

LE SERPENT DE MER

Le serpent de mer appartient-il à la catégorie des mythes, des monstres épouvantables et mystérieux enfantés par l'imagination populaire? On n'a pas oublié l'ingénieuse invention du *Constitutionnel*, qui, à certains intervalles, ressuscitait le serpent de mer ; chaque fois qu'on parle du serpent de mer, c'est cette même anecdote qui revient à toutes les mémoires. Et cependant, comme le démontre une intéressante analyse d'un livre récemment paru, faite dans la *Revue britannique*, le serpent de mer doit exister. Il a jusqu'à présent échappé à toute capture ; il n'en est pas moins catalogué dans les muséums d'Angleterre.

Depuis l'époque où, d'après Aristote, des monstres marins attaquaient les galères sur la côte lybienne, jusqu'au jour récent où deux *clergymen* aperçurent un immense serpent qui se promenait à la surface des vagues, plusieurs centaines d'observations ont été faites ; et si quelques-unes d'entre elles sont suspectes, d'autres ont un caractère d'authenticité et de loyauté qui ne saurait être mis en doute.

La littérature norvégienne abonde en récits où les serpents de mer jouent le principal rôle.

L'une des premières mentions constatées par M. Gould se trouve dans un *Récit des mers glacées du nord-est* (*A Narrative*, etc.), où il est dit que dans le lac appelé *Mos*, de Hoffusen, par 45°30' de longitude et 61 degrés de latitude, il vit un monstre étrange, lequel est un serpent gigantesque. « On l'a encore vu récemment, en l'an du Christ 1522, apparaissant au dessus de l'eau, nageant comme une grande colonne d'une longueur approximative de 50 coudées. » C'est d'ailleurs sur les côtes de Norvège que ces montres sont presque toujours signalés, et, sauf dans ces derniers temps, c'est dans la littérature norvégienne qu'il en faut chercher la description.

Pontoppidan, l'évêque de Bergen, qui publia, en 1775, sa fameuse *Histoire naturelle de la Norvège* et qui, à un moment, niait l'existence du serpent de mer, avait changé d'avis « en présence des témoignages dignes de foi de centaines de pêcheurs et de marins norvégiens expérimentés pouvant attester qu'ils l'avaient vu chaque année. » Les commerçants du Nord, ajoute-t-il, qui, tous les ans, arrivent à Bergen avec leurs marchandises, s'étonnaient beaucoup qu'on pût leur demander sérieusement s'ils avaient vu de ces animaux ; « la question leur semblait aussi ridicule que si on leur eût demandé s'il existait réellement des anguilles ou des morues. » D'après Pontoppidan, ces serpents se tiennent constamment au fond de la mer, sauf au mois de juillet et d'août, qui sont leur époque de frai. Ils se montrent alors à la surface par les temps calmes, plongeant de nouveau dès que le vent soulève la moindre vague.

Mais ce ne sont encore là que des récits sans doute empreints d'exagération. Voici qui est plus précis : En 1746, Lawrence de Ferry, capitaine dans la marine norvégienne et homme de guerre aussi brave qu'expérimenté, revenait d'un voyage à Drontheim et se rendait à Molde, quand un serpent passa tout près du canot qu'il montait.

Comme l'animal, raconte Lawrence de Ferry, nageait plus vite que nous ne pouvions ramer, je pris mon fusil, qui était tout chargé, et je tirai sur lui, ce qui le fit immédiatement plonger. Nous gouvernâmes droit sur le point où il s'était enfoncé (facile à reconnaître par le calme que nous avions), et nous restâmes immobiles sur les avirons, pensant qu'il se montrerait à la surface ; mais il ne reparut plus. Quand le serpent plongea, l'eau nous parut épaissie et rouge ; peut-être quelques plombs l'avaient-ils atteint, la distance étant très courte. La tête de ce serpent, qu'il tenait à plus de deux pieds au-dessus de la surface, ressemblait à celle d'un cheval. Elle était de couleur grise, et la bouche était absolument noire et très grande. Il avait les yeux noirs et une longue crinière lui pendait du cou jusque sur l'eau.

Deux hommes de l'équipage affirmèrent devant la justice, et sous la foi du serment, l'exactitude du récit fait par leur capitaine. Dira-t-on que Lawrence de Ferry, quelque bon soldat qu'il fût, partageait la naïve crédulité de ses contemporains ? Franchissons deux siècles : nous allons voir reparaître le serpent de mer en plein dix-neuvième siècle. En 1849, le capitaine Schielderup, ancien officier de la marine norvégienne, aperçut à plusieurs reprises, dans l'étroit goulet qui sépare l'île d'Ostersœn du continent, un serpent de mer qui, tant que luisait le soleil, restait immobile à la surface de l'eau, comme s'il eût fait un somme. La présence de cet hôte étrange et incommode — M. Schielderup estimait que ce serpent mesurait 600 pieds de longueur — avait mis en fuite tous les poissons.

L'évêque du Nordland affirme avoir vu, dans la baie de Sorsund, deux serpents de mer qui nageaient en formant des grands replis visibles au-dessus des flots.

Le serpent de mer ne fréquente pas seulement les côtes norvégiennes ; on l'a rencontré dans les parages anglais.

et l'on se souvient encore de l'émotion produite, en 1873, par la publication dans *The Zoologist* d'une relation signée de MM. Mac Rae et Twopenny ; ces deux révérends, gens parfaitement honorables, étaient partis, le 20 août 1872, en compagnie de deux dames et de deux amis, sur un petit cutter, *la Léda*. Ils suivaient le détroit de Sleat, qui sépare l'île de Skye de la terre ferme, quand ils aperçurent tout à coup, à 200 mètres à l'arrière et au nord, une masse sombre sur laquelle ils braquèrent les trois lorgnettes dont ils disposaient. Alors ils virent une semblable masse se soulever à gauche de la première, puis d'autres, en ordre successif, régulier. Évidemment, ils avaient sous les yeux un être vivant. Celui-ci traversa lentement leur sillage, puis disparut.

Un peu après, la première masse, qui manifestement était la tête, se montra de nouveau, suivie d'autres élévations noires — jusqu'à sept — comme précédemment. L'animal se rapprocha vivement du cutter, non sans causer quelque frayeur aux dames du bord ; mais à une centaine de mètres, il plongea se dirigeant sur Skye.

Le lendemain, en revenant, les mêmes promeneurs aperçurent de nouveau le monstre dans la direction du sud, mais à une plus grande distance. Il se montrait en trois ou quatre grandes lignes et semblait infiniment plus long que la veille. Près de l'île de Sandaig, il se rapprocha du cutter ; sa tête noire était parfaitement visible.

Que faut-il conclure de tant de dépositions authentiques, précises, concordantes ?

« Je ne saurais me refuser de croire, dit le Révérend Alfred Smith, à l'existence de quelque monstrueux habitant de ces mers septentrionales quand le fait de cette existence m'a été si clairement attesté par de nombreux témoins ocu-

EDISON, INVENTEUR DU PHONOGRAPHE.

laires, dont beaucoup sont trop intelligents pour se laisser illusionner et trop honnêtes pour qu'on puisse mettre leurs assertions en doute. »

On pourrait citer cent autres témoins qui, depuis le bord d'un navire, ont aperçu des monstres marins. Les passagers et les officiers du steamer *Nestor* affirment tous avoir rencontré, entre Malacca et Pénang, « un monstre qui mesurait 250 pieds de long sur 50 de large, avec une tête carrée et des bandes noires et jaunes le faisant ressembler beaucoup à une salamandre. » Rappelons enfin la discussion passionnée qui s'éleva à propos de la relation du capitaine Georges Drevor, qui commandait *la Pauline* et qui fit, ainsi que tous ses hommes d'équipage, une bien merveilleuse rencontre, le 8 janvier 1875, à onze heures du matin, à 20 milles du cap San-Roque, à la pointe nord-est du Brésil. Le capitaine Georges Drevor s'exprime en ces termes :

« Temps clair et beau. Mer et vent modérés. Observé quelques points noirs sur l'eau et au-dessus de ces points une sorte de colonne blanchâtre, haute de 30 à 35 pieds. Au premier coup d'œil, je pris le tout pour des brisants, attendu que la mer rejaillissait autour d'eux; mais la colonne s'abattit avec un grand jaillissement d'eau, et une autre se dressa. Toutes deux s'élevaient et s'affaissaient alternativement en successions rapides. Une bonne lorgnette me fit voir alors un monstrueux serpent de mer roulé autour d'une baleine. Les portions de la tête et de la queue, longues chacune d'une trentaine de pieds, agissaient comme leviers et s'enroulaient autour de la victime avec une extrême rapidité. Les deux lutteurs disparaissaient et reparaissaient à la surface toutes les deux minutes, et la mer tout alentour était fouettée et en ébullition. Le bruit confus de la lutte s'entendait distinctement. Cet étrange spectacle dura une quinzaine de minutes, puis la queue seule de la baleine resta un instant visible, battant l'eau avec fureur; et enfin l'énorme cétacé disparut entraîné par son adversaire dans les profondeurs de l'abîme.... En supposant deux tours enroulés sur le corps de la baleine, le serpent devait avoir 160 ou 170 pieds de long; sa grosseur me parut être de 7 ou 8 pieds. La couleur du monstre était celle du congre. Comme la gueule était toujours ouverte, la tête paraissait être la partie la plus grosse du corps entier. »

UNE HORLOGE PARLANTE

Appliquez le phonographe à une horloge, remplacez la sonnerie de celle-ci par un appareil qui « dira » l'heure à haute et intelligible voix ; qui, au lieu de frapper douze coups sur un timbre, articulera hautement et clairement ces mots : « il est midi, » et vous aurez l'horloge parlante dont la *Vie Scientifique* décrit ainsi l'apparition :

Sur un cylindre de cire vierge, mis en mouvement, on enregistre, à des intervalles réguliers et convenablement distancés, la phrase à débiter, dont le terme et la forme peuvent se permettre un nombre illimité de variations.

L'horloge elle-même reste ce qu'elle était ; la sonnerie seule disparaît pour faire place à un phonographe ordinaire dont le cylindre est mis en mouvement à l'aide d'un poids que l'on remonte en temps voulu.

Les deux systèmes sont donc indépendants; mais comme il est indispensable que l'instrument fasse entendre sa voix à des intervalles réguliers, on a placé une tige métallique commandée par l'aiguille des minutes, et qui, chaque demi-heure, reçoit une légère pression pouvant la transmettre à un cliquet dont dépend l'arrêt ou la marche du cylindre.

Cette nouvelle combinaison présente sur l'ancienne, c'est-à-dire, sur nos horloges actuelles, un avantage appréciable. A midi, par exemple, au lieu de compter les douze coups sur le timbre, gymnastique cérébrale obligatoire même pour un intellectuel, il suffit de suivre le conseil donné au préalable par le phonographe : « Attention ! Écoutez bien ! Il est midi. »

Nous enregistrons, dit en terminant M. L. Fournier, le premier essai d'horloge parlante qui ait été tenté depuis la création du phonographe, avec l'espoir qu'il sera poursuivi et que, d'ici peu, le son plus ou moins argentin des pendules sera remplacé par une voix suave qui saura entre deux rappels à la réalité, nous chanter un air de *Faust*, ou nous endormir au rythme d'une berceuse.

LE VERRE ARMÉ

On a beaucoup parlé, encore davantage usé, du ciment armé.

A l'Exposition de 1900, on en a fait des applications d'une grande hardiesse : on peut dire que le ciment armé a fait ses preuves. Il n'y a rien de surprenant à ce que les fabricants d'objets fragiles par leur composition même, n'aient été hantés par la pensée d'appliquer à leur industrie les mêmes principes que ceux qui donnent cette force de résistance extraordinaire au ciment armé, l'introduction d'un réseau métallique dans le corps même de l'objet à fabriquer.

Déjà, en 1892, le *Cosmos* signalait la fabrication des verres à vitres armés faits sur une vaste échelle en Pensylvanie, aux usines de Tacony; l'inventeur, M. F. Shumann, dit le même journal en 1900, avait eu la pensée de noyer dans la masse plastique du verre en fusion le grillage en fer que l'on met au-dessus des vitrages pour les protéger des chocs, ou en dessous pour protéger les passants de la chute de leurs éclats.

Les résultats obtenus dépassèrent les espérances; non seulement on obtint ainsi des plaques de verres formant des toitures presque indestructibles, des dalles de pavage d'une solidité à toute épreuve, mais on reconnut encore que les vitres ainsi constituées formaient, aux fenêtres des rez-de-chaussée des fermetures beaucoup plus sûres que les volets contre les attaques des malfaiteurs. Enfin, les vitres armées révélèrent une qualité tout à fait inattendue. Si on les soumet à une température intense, dans un incendie par exemple, si même, au moment où elles sont brûlantes, on y projette de l'eau, elles ne tombent pas en éclats comme les vitres ordinaires; elles se fendillent, se craquèlent : non seulement aucun morceau ne se détache, mais ces multitudes de craquelures ne laissent passer ni l'eau ni l'air. La vitre soumise à cette épreuve peut donc fournir encore un bon service.

Devant tant de qualités, nous nous étonnions de ne pas

voir ce produit appliqué dans nombre de constructions d'Europe, aux grands halls vitrés, par exemple, aux marquises, etc. On se décide cependant à l'adopter, paraît-il. Une maison allemande a acquis les brevets, et la fabrication du verre armé s'y poursuit sur une grande échelle, et il est déjà d'un usage courant en Allemagne. Ce renseignement intéresse certainement tous ceux ui ont à s'occuper des travaux de bâtiment.

LE CANAL DE PANAMA

M. A. Dumas a publié dans le *Génie Civil*, une étude très développée sur le canal de Panama, étude dans laquelle il s'est proposé d'exposer la situation actuelle de cette grande entreprise, de montrer dans quelles conditions le projet étudié par la Compagnie nouvelle permettrait de la mener à bon terme et enfin de rechercher s'il ne serait pas possible, au moyen de certaines modifications faites à ce projet, d'adopter une solution moins onéreuse.

L'auteur fait remarquer avec raison, à ce sujet, qu'il y a d'autant plus de raisons de se préoccuper de réaliser des économies sur le coût du canal, qu'on ne doit pas perdre complètement de vue les intérêts des porteurs de titres de l'ancienne Compagnie, porteurs dont l'argent a servi à faire les premiers travaux.

Le travail de M. Dumas débute par un historique de l'affaire, historique que nous nous contenterons de mentionner, puis il passe à l'exposé du projet de la Compagnie et des évaluations des revenus probables du canal, dont il fait une étude critique très serrée, notamment à propos de la forme de la taxation à adopter. M. Dumas, se préoccupant avec raison des moyens d'accroître les revenus du canal, et considérant que la redevance à demander doit être proportionnelle à l'économie que le passage dudit canal fait réaliser à un navire, a proposé, dès 1891, une tarification composée de deux parties, l'une d'un droit fixe de 3 fr. par tonneau de jauge nette, applicable indistinctement à tous les navires, et l'autre d'un droit de 0,0025 *f*. par tonneau transporté à un mille de distance que le canal permettra d'économiser.

L'auteur propose ensuite des modifications techniques au projet de la Compagnie, dans le but de réduire, dans une large mesure, les dépenses d'établissement sans diminuer les facilités apportées à la navigation.

Ces modifications consisteraient : 1° dans la suppression du barrage du Haut-Chagres et de la rigole d'alimentation du canal ; 2° dans le relèvement du plafond du bief de partage; et 3° dans la réduction des dimensions des écluses.

M. Dumas estime que les premiers ouvrages ne sont nullement indispensables et que l'emploi d'engins mécaniques pour l'alimentation du canal, rejeté par le Comité technique, est un moyen absolument éprouvé à l'heure actuelle. Cette modification conduirait déjà à une économie de près de 40 millions.

Le relèvement du plafond du bief de partage à la cote 29 au lieu de 26,75, par l'emploi à toutes les écluses d'une chute de 11 *m*, peut être réalisé sans difficultés, au prix d'un accroissement insignifiant de la durée du passage et permettrait d'économiser au moins 50 millions.

Enfin, les écluses n'ont pas besoin des énormes dimensions prévues. Les navires dépassant 160 *m.* de longueur et 7 *m.* 50 de tirant d'eau sont en infime minorité. On pourrait, dans l'emploi de dimensions plus modérées, mais largement suffisantes, trouver une nouvelle économie de 18 millions. Le total des trois chiffres partiels indiqués atteint 103 millions sur le devis de 525 établi par le Comité technique. Si on considère, d'autre part, que ces modifications permettraient de réduire de dix à huit ans la durée des travaux. Il en résulte que la réduction des intérêts intercalaires à servir au nouveau capital ne serait plus que de 24 °/₀ au lieu de 30, en admettant toujours le taux de 6 °/₀ l'un. On arriverait ainsi à une économie totale de 300 millions de francs.

Nous sommes heureux, avec la *Société des Ingénieurs civils*, à qui nous devons ce résumé, de signaler le travail consciencieux de M. Dumas à tous ceux que la grande question du canal de Panama intéresse encore.

LE PIGEON VOYAGEUR

Il existe plusieurs variétés de pigeons qui servent au transport des dépêches et qui sont connues sous le nom générique de *pigeons voyageurs*.

En Allemagne, les colombiers militaires entretiennent l'*Anversois*, pigeon de grande taille qui tient la première place pour la vitesse et la résistance à la fatigue. Il se distingue par la membrane charnue qui entoure son œil et par les morilles du bec qui sont assez développées.

En France, nous préférons le *Liégeois*.

C'est le plus léger et le plus petit des pigeons voyageurs, et s'il est moins robuste que le pigeon allemand, il brille par son courage et son énergie.

Le pigeon voyageur doit avoir quatre qualités principales :

La fidélité au colombier, l'instinct d'orientation, le vol rapide et la résistance à la fatigue.

Il faut un certain temps pour dresser un jeune pigeon, et ce n'est que vers l'âge de trois ans qu'il peut donner son maximum de vitesse.

Un pigeon adulte, bien entraîné, peut franchir 1,800 mètres à la minute, et plus de soixante kilomètres à l'heure.

Pour dresser un pigeon, on le porte d'abord à de petites distances, dans un panier spécial, puis on le lâche, et il rentre au colombier. Il faudra avoir soin de le laisser reposer trois jours entre deux étapes.

On augmente progressivement la longueur du trajet, et on arrive facilement à leur faire franchir 400 à 500 kilomètres, distance que l'on ne doit pas essayer de dépasser.

Cependant, il y en a qui ont franchi des distances considérables, et j'ai entendu citer ce pigeon d'une Société belge qui, lâché à Saint-Sébastien, sur la frontière d'Espagne, était rentré le même jour à son colombier, à Liège, après avoir parcouru 980 kilomètres en 16 heures !

Quelles sont les raisons qui ramènent le pigeon au colombier ?

C'est d'abord l'amour du nid et de sa progéniture, sa

nourriture assurée et l'instinct d'orientation. Jusqu'à présent, pour ce dernier, tous les académiciens réunis sont incapables de dire où il réside et d'où il provient. On constate le fait sans avoir pu encore l'expliquer.

C'est à la vision que l'on rattachait généralement cette faculté. Or, les pigeons peuvent retrouver leur gîte à des distances de 500 et même 1,000 kilomètres, ainsi qu'il est prouvé par de nombreuses expériences. Il faudrait, par suite, qu'ils s'élevassent à des hauteurs extrêmement considérables dans l'atmosphère à cause de la courbure de la terre, pour pouvoir distinguer le point sur lequel ils doivent diriger leur vol.

Indépendamment de l'obstacle qu'offriraient presque toujours les nuages, il faut noter que ces animaux ne s'élèvent jamais à plus de 150 à 200 mètres. C'est donc une explication à rejeter radicalement.

Il ne faut pas voir dans l'instinct de l'orientation un privilège du pigeon, il est commun à tous les oiseaux, à tous les animaux.

L'abeille qui va butiner au loin sait fort bien retrouver le chemin de sa ruche.

L'anguille se guide à travers des étendues de terre considérables pour aller droit à la mer.

Les chiens, les chevaux savent parfaitement s'orienter.

L'homme lui-même possède cette faculté qui est plus développée, paraît-il, chez le sauvage dont la civilisation n'a pas affaibli l'acuité des sens. Nous pouvons constater le fait, mais nous ne pouvons l'expliquer.

Les pigeons voyageurs sont sujets à de nombreux accidents; indépendamment des blessures qu'ils peuvent recevoir, ils ont à se méfier des serres de nombreux oiseaux de proie, et les Allemands ont inventé, pour interrompre les communications, le *faucon*, détrousseur de dépêches.

Il est donc très important de protéger les pigeons voyageurs contre leurs ennemis.

Les Chinois, qui l'eût jamais pensé? ont trouvé un moyen ingénieux. C'est d'attacher à la queue du pigeon un léger sifflet dont le bruit aigu fait peur à l'ennemi. Pourquoi ne pas les imiter?

Pourquoi, dans les colombiers militaires, ne ferait-on pas des essais analogues, surtout dans les régions alpines, où les buses et les éperviers abondent?

En Italie, l'officier chargé de la direction du service militaire des pigeons a expérimenté ces sifflets, et tout ce qui a été dit à ce sujet a été confirmé. Il serait intéressant pour tous de savoir si quelques tentatives en ce sens ont été faites en France.

L'élevage du pigeon voyageur ne pouvait laisser le gouvernement indifférent, puisque ces oiseaux sont appelés à rendre de grands services en temps de guerre.

Comme il pouvait y avoir danger à laisser les particuliers élever ces intéressants auxiliaires, le ministre de la guerre a soumis à la signature un décret où il est dit :

« Que tous les ans, un recensement des pigeons voyageurs sera effectué dans toutes les communes de France par les soins des maires ***sur la déclaration obligatoire des propriétaires***. » Ce décret réglemente l'ouverture des nouveaux colombiers.

La nourriture du pigeon voyageur se compose de vesces, de haricots et de maïs. On peut également lui donner des céréales et de la graine de chanvre.

Comme il est très friand de sel, on pendra dans le colombier une ou deux queues de morue et on complétera cet ordinaire en mettant à sa portée du sable et des petits cailloux; enfin un abreuvoir où l'eau sera quotidiennement renouvelée.

Un pigeon coûte en moyenne, par mois, de 1 fr. 25 à 1 fr. 50.

Au bout d'un mois, quelquefois moins, de séjour au colombier, on peut lâcher les pigeons, mais le mieux est d'attendre qu'ils aient fait leur nid et commencent à couver.

On les marque soit au moyen d'un anneau de caoutchouc à la patte, soit en imprimant le nom du propriétaire sous les plumes de l'aile avec une encre indélébile.

EMPOISONNEMENT PAR LES CHAUSSURES

Les chaussures en cuir jaune sont à la mode : élégantes, légères, retenant moins les rayons de chaleur, laissant glisser la poussière, on les chausse dès le mois de juillet. C'est fort bien. Mais se détériorent-elles un peu? la belle saison finie, veut-on les porter encore sans les garder de cette couleur claire qui contraste avec la pluie? ou simplement un deuil survient-il? vite on les envoie au cordonnier, qui les noircit, puis on leur donne une couche de cirage et un coup de brosse, et voilà des chaussures noires. D'où le plus souvent des accidents graves dans la santé, accidents dont on cherche vainement la cause, alors qu'elle vient uniquement de la teinture très pénétrante de noir d'aniline qui a servi à la transformation du cuir jaune en cuir noir. Oyez plutôt le récit fait à l'Académie de Médecine par les docteurs Landouzy et Brouardel, d'un accident ayant cette origine :

« Au commencement d'une chaude après-midi de printemps, l'un de nous était en hâte mandé auprès d'un bébé de dix-sept mois, rapporté de la promenade, sans connaissance, asphyxiant. Après une matinée passée comme de coutume, l'enfant avait été porté au parc Monceau : mais le bébé n'est ni remuant, ni gai, il a une physionomie qui semble étrange, un teint qui semble bleuir; il est comme engourdi, et cela sans plaintes, sans cris.

» La nourrice prend peur et ramène à la maison, au lieu du bébé frais, rose, enjoué du matin, un enfant inanimé, la figure plombée, les lèvres complètement bleues, les mains d'une pâleur cadavérique, les phalangettes bleutées, bref, tous les signes d'une agonie par asphyxie.

» Une médication énergique pare aux premiers accidents : injections d'éther, lavements de café ; l'enfant se remet un peu, mais pendant quarante-huit heures il présente un état d'engourdissement profond, de cyanose bleue, comme dans les troubles cardiaques les plus accentués.

» La soudaineté des accidents, leur évolution éveillaient bien l'idée d'un empoisonnement, mais c'est en vain qu'on cherchait une cause d'intoxication, quand l'attention des médecins fut appelée sur l'odeur forte, pénétrante des bottines. Ces bottines, jadis jaunes, venaient d'être noircies par le teinturier. Un accident survenu quelques jours plus tard à un autre enfant de la famille venait, avec la précision d'une expérience de laboratoire, confirmer l'hypothèse.

» Le frère de ce bébé chausse un beau jour, jour comme à l'autre sortie, chaud et ensoleillé, une paire de bottines teintes au même moment. Trois heures après, l'enfant rentrait tout refroidi, frissonnant, le visage bleu, terrifiant la mère qui se souvenait des troubles asphyxiques graves survenus chez le premier.

» La démonstration était des plus nettes. C'était bien par les chaussures, ou, pour être plus exact, par la teinture noire que s'étaient produits les accidents d'intoxication. »

Ces faits ne sont pas isolés, continue M. le docteur Cartaz, dans la *Nature* à laquelle nous empruntons cet exposé, MM. Landouzy et Brouardel en ont recueilli une dizaine de tous points analogues survenus chez des enfants ou adolescents, tous heureusement suivis de guérison. Chez les uns, l'empoisonnement a débuté par des vertiges ; chez d'autres, par une sorte d'attaque d'asphyxie comme s'il s'agissait d'une insolation.

La teinture qui avait servi à noircir les bottines est une teinture à base d'aniline. L'analyse qui en a été faite n'a révélé aucun principe toxique, arsenic ou autre, mais de l'aniline produit volatil, en proportion de 90 pour 100 et des couleurs d'aniline fixe.

On n'avait pas encore signalé d'intoxication de ce genre, par la voie cutanée. Il y a une vingtaine d'années, pour la première fois, on avait appelé l'attention sur le danger des bas et des chaussettes, teints avec des produits dérivés de l'aniline, couleur rouge, rose ou bleue. Mais ces accidents, dont j'ai moi-même rapporté des exemples, se bornaient à des irritations du tégument, à des poussées d'eczéma plus ou moins intenses, ne mettant aucunement la vie en danger. Ici, au contraire, l'intoxication ressemble, à s'y méprendre, à celle qu'on observe par l'absorption des vapeurs d'aniline par les voies respiratoires (comme chez les ouvriers de ces fabriques) ou par les voies digestives (comme dans les cas d'empoisonnement par inadvertance ou par suicides).

Pour vérifier la marche et le degré de cette intoxication, MM. Landouzy et Brouardel ont procédé à une série d'expériences sur des animaux : injection de quelques grammes de la teinture noire, badigeonnages du tégument avant ou après ablation des poils. Ils ont comparé les résultats avec ceux donnés par une solution d'aniline concentrée préparée par eux, et ils ont pu constater que l'absorption de ce produit, par le tégument, amenait des accidents graves d'asphyxie par altération des globules du sang. Cette absorption était d'autant plus rapide et plus complète que l'animal se trouvait dans une atmosphère fermée, humide et chaude. L'aniline émet à 30° des vapeurs ; or la température du pied dans la chaussure lacée, close, atteint facilement 33 à 35°. Les conditions de chaleur, d'humidité de la peau sont donc des plus favorables à la production de ces accidents.

Il sera bon désormais de s'abstenir de teindre les chaussures de cuir jaune, ou il faudra procéder à cette opération par un cirage commun, à base de noir d'os d'animal et sans addition d'aniline. La teinture sera moins parfaite, mais la santé n'en souffrira plus.

Un autre membre de l'Académie de Médecine se propose d'appeler l'attention sur les inconvénients résultant de la mauvaise qualité et surtout de la toxicité assez fréquente de la teinture employée pour la coloration du cuir qui entre dans la garniture de coiffes de chapeaux, surtout des coiffures à bon marché. Outre l'inconvénient, déjà très grand, de zébrer les cheveux d'une large bande jaune, verte ou rouge, suivant la coloration des chromates ou des couleurs d'aniline employées, on aurait signalé chez plusieurs personnes de nombreux et fréquents malaises dûs à une sorte d'intoxication.

STEPHENSON (1781-1848) INVENTEUR DE LA LOCOMOTIVE

UNE QUESTION DE CHEMIN DE FER

Les Compagnies de chemins de fer aux États-Unis, en même temps qu'elles accroissent le poids, c'est-à-dire la puissance de leurs locomotives, porté jusqu'à 104 et 105 tonnes, multiplient les wagons à vaste capacité, et remorquent des trains où l'on peut charger à la fois 2,000 tonnes de marchandises, elles peuvent ainsi arriver à des résultats économiques surprenants.

Réduire le poids mort, diminuer les dépenses de construction des véhicules et leur usure, augmenter en même temps leur capacité utile et leur force de chargement doit être le but des compagnies de chemins de fer : un wagon pouvant contenir 15 tonnes, par exemple, coûte moins que trois wagons de 5 tonnes, est moins sujet à des avaries et plus aisé à manutentionner.

En prenant des wagons de 30 tonnes et admettant 12 trains de 20,000 tonnes par jour et 300 jours utiles par an, on arriverait, pour ces seuls transports, à un trafic de dix millions de tonnes. Mais comme, d'une part, ce trafic continu ne peut être effectué que sur certaines lignes, on réduit son estimation à cinq millions de tonnes, ce qui donnerait une dépense de 4 fr. 96 par kilomètre pour un de ces trains ; comme, d'autre part, on utilisera la voie pour les trafics secondaires et le transport des voyageurs, on peut réduire la dépense ci-dessus de 0 fr. 50, ce qui la ramène à 4 fr. 46.

En résumé, en tenant compte des dépenses de toutes

sortes afférentes au matériel de traction, aux wagons, aux gares, au retour du matériel vide, à l'entretien de la voie, à l'intérêt du capital d'établissement, on arrive à des frais de transport, pour la Compagnie, de 9,213 francs par kilomètre, pour des trains transportant 2,000 tonnes, soit moins d'un demi-centime par tonne. Or, cette dépense est bien inférieure, en Amérique, à celle des transports par canaux.

Il y a là, pour l'avenir, des modifications matérielles et économiques importantes à réaliser, que nos compagnies françaises de chemins de fer étudieront sans doute avec sollicitude et arriver nt à appliquer dans la mesure du possible en tenant co ote des différences notables qui existent dans la situati industrielle et économique des deux pays.

UN CURIEUX PHENOMÈNE

Un phénomène rappelant beaucoup la catastrophe de Saint-Gervais, en Savoie, qui s'est pr duite il y a une quinzaine d'années, en détruisant l'établissement des bains, balayant le village et noyant quantité d'animaux et un certain nombre de personnes, mais heureusement moins grave, puisqu'il n'a pas causé la perte des vies humaines, a jeté l'émotion, le 30 août 1900, dans le canton du Valais, en Suisse.

Sur les premières hauteurs du mont Rove, dans un glacier, s'étendait le lac du Gorner, bien connu des touristes. Des pluies très abondantes ayant fait monter son niveau et augmenter la pression de ses eaux, ses bords se sont rompus en aval, et les ondes, écartant, rompant et balayant les rochers et les glaces et les entraînant au loin, ont tout brisé et saccagé sur leur passage ; le lac s'est complètement vidé. La chute des eaux était d'une violence telle qu'elles rejaillissaient à plus de trente mètres de hauteur. Elles ont emporté le pont de Schwebsteg, construit en 1899, raviné profondément les chemins du voisinage et fait effondrer la voie sur un long parcours dans la gorge de Kipfen ; le glacier du Gorner tout entier s'est écroulé; les cultures et les ouvrages d'art ont extrêmement souffert.

On se souvient que la catastrophe de Saint-Gervais était due à une double cause, formation de cavités internes dans le glacier (énormes poches d'eau) et obstruction de l'orifice de sortie du liquide.

LA LUMIÈRE VIVANTE

M. Raphaël Dubois, à la suite de résultats pratiques de ses expériences, présentés par lui au public de l'Exposition de 1900, a adressé à l'Académie des Sciences une note sur la lumière froide physiologique, dite « lumière vivante », dont voici le résumé :

Certains microbes lumineux ou « photobactéries » ont

été cultivés dans des bouillons d'une composition spéciale, contenant de l'eau, du sel marin, un aliment ternaire, un aliment quaternaire azoté, un aliment phosphoré et des traces des composés minéraux que l'on rencontre dans tous les corps vivants.

Après l'ensemencement de ces liquides, ils deviennent promptement lumineux; en les plaçant dans des récipients en verre, de préférence à faces planes, on arrive à éclairer une salle à l'abri de toute lumière de façon à pouvoir reconnaître une personne à plusieurs mètres de distance, lire des caractères d'imprimerie, voir l'heure à une montre. C'est un éclairage d'une intensité égale à celle d'un beau clair de lune; on l'a vu subsister jusqu'à six mois à l'abri de toute agitation et dans un sous-sol obscur.

L'auteur de ces curieuses expériences espère pouvoir arriver à pouvoir augmenter la puissance de l'éclairage, à le régulariser et à l'utiliser pratiquement.

LE RECORD DE LA VITESSE DES TRAINS

Le record de la vitesse des trains semble détenu par la ligne de Nantaskef à Beach, appartenant au New-York-Newhaven and Hatford Road, qui a une longueur de 11 kilomètres. On y circule a des vitesses variant de 128 à 160 kilomètres à l'heure. Le même mode de traction sera probablement employé sur la ligne de Cohasset à Braintee, qui mesure 24 kilomètres.

Il est vraisemblable que nous verrons prochainement atteindre, sur quelques lignes d'Europe et d'Amérique, solides et bien dégagées, la vitesse de 200 kilomètres à l'heure, que l'on prévoit déjà pouvoir réaliser au moyen de certains procédés de traction.

BOUÉE LUMINEUSE

Pour faciliter la nuit, l'évacuation d'un navire en perdition, le sauvetage d'un homme tombé à la mer, le ralliement d'une barque perdue dans le brouillard, l'entrée difficile d'un havre ou d'une baie, le débarquement de troupes sur une côte, il est fort utile pour la marine d'avoir à sa disposition des bouées lumineuses pouvant produire un éclairage vif, durable et résistant à l'action des vagues et du vent.

La solution de ce problème, peu satisfaisante jusqu'à présent, semble avoir été atteinte aux États-Unis, par M. J. Wilson, de la manière suivante :

Dans un tube d'acier cylindro-conique, d'une longueur de 1 mètre à 1 m. 50 et de 7 à 15 cm. de diamètre, on introduit du carbure de calcium, puis le tube refermé est lancé à la mer, au point convenable, au moyen d'un canon. Après son chargement, son poids est tel qu'il puisse flotter verticalement et émerger d'un quart environ de sa longueur. L'eau pénètre peu à peu jusqu'au carbure par des petits trous pratiqués à sa partie inférieure ; du gaz acétylène se produit aussitôt, sort par un groupe de brûleurs et est alors enflammé par un allumeur électrique automatique.

D'après les expériences faites à Baltimore, la flamme éclatante et durable ainsi obtenue ne se laisse éteindre par aucun courant d'air.

L'ANGUILLE

D'après une correspondance de la *London fishing Gazette*, l'anguille est un des ennemis les plus acharnés des œufs et des alevins de saumon. On a vu des anguilles, au moment où l'on déversait dans une rivière des alevins de saumon, se précipiter sur ceux-ci avec une voracité extraordinaire, malgré la présence des observateurs et leurs gesticulations.

L'anguille semble chasser plutôt au moyen de l'odorat qu'au moyen de la vue, et, d'après certains pêcheurs, la meilleure manière de prendre les anguilles, consiste à accrocher entre deux eaux un appât odorant ; bientôt on voit apparaître les anguilles, sortant en aval de la rivière, du fond et des côtés de celle-ci et cherchant à atteindre l'appât ; il est alors aisé de s'en emparer.

MA TANTE

Vers le milieu du XVe siècle, les malversations et les déprédations que commettaient les Juifs, tenanciers d'officines clandestines et agents de banques usuraires ne se comptent plus, l'Église comprit la nécessité dans laquelle elle se trouvait de créer des maisons à prêt gratuit.

A Pérouse, Barnabé de Terni, un pauvre moine récollet, du haut de la chaire, fit entendre toute l'indignation populaire contre les exactions juives, lombardes ou cahorsines, contre les prêteurs sans scrupules auxquels le Talmud ordonnait de honnir les chrétiens par trois fois pendant le jour et de dérober leurs biens, soit violemment, soit par ruse.

Le P. Barnabé proposa de fonder une banque à prêt gratuit. Hommes, femmes et enfants, à l'issue de ce prêche indigné, apportèrent or, argent et pierreries au religieux.

Dès lors, le Mont-de-Piété était institué.

Les Franciscains, répétant partout ces paroles de l'Évangile : *Faites des prêts sans en attendre aucun avantage*, rappelant aux Juifs les passages du Pentateuque et de l'Ancien Testament qui prohibaient tout prêt avec intérêt; remémorant aux chrétiens les décrétales des papes saint Léon, Alexandre III, Urbain III, Grégoire IX et Clément V, ainsi que les canons des second et troisième conciles de Latran, des conciles de Vienne et de Lyon, qui interdisaient de loger ou de louer des maisons aux usuriers, tant à cette époque les tripoteurs pullulaient, ces Pères, dis-je, animés d'un zèle d'apôtres, fondèrent de nouvelles banques à Rome, Mantoue, Naples, Milan, Florence, Bologne, etc..., Vienne, Nuremberg, Ulm, Flessingue, Hambourg, possédèrent bientôt aussi leurs Monts-de-Piété.

Les usuriers juifs firent tous leurs efforts pour entraver et circonscrire la multiplication de ces banques populaires. A Aquila, au moment où le F. Bernardin de Feltre allait faire un sermon contre ces « vendeurs de larmes, » les juifs vinrent le trouver, le suppliant de ne point attirer les malédictions du peuple sur eux. Le F. Bernardin ne les écouta pas et les pauvres gens n'eurent qu'à s'en louer.

Ce religieux, pour la création des Monts-de-Piété, fit plus de trois mille sermons, aussi sa mort fut-elle un deuil populaire.

Aujourd'hui, beaucoup, même parmi vous, ne connaissaient pas l'origine de ces institutions ; tout ce que vous en saviez est que l'administration supérieure est saisie de plaintes contre l'estimation dérisoire des objets déposés dans les bureaux.

Il paraît que cette situation est imputable aux experts qui n'admettent les prêts que dans une proportion de vingt pour cent.

L'administration rend responsable, pour s'en disculper, l'État et le Conseil municipal à qui elle a demandé, différentes fois, la réorganisation de cet établissement.

Souvent, le commissaire-priseur offre, sur un gage un prêt inférieur à sa véritable valeur, ou encore, l'estimation ne s'élève pas à trois francs, prêt minimum, alors que le malheureux, s'il dépose son gage contre un prêt inférieur à ses besoins, ira chez un brocanteur ou marchand de reconnaissances à qui il remettra son titre contre un nouveau prêt consenti à un intérêt d'environ 180 %.

Ce qui serait possible, ce serait de faire prêter, par le Mont-de-Piété, sur cette reconnaissance à 7 % d'intérêt par an. La vente des gages étant l'unique éventualité de perte, cette perte serait diminuée de cette même proportion dès que la reconnaissance, déposée au Mont-de-Piété contre un récépissé inaliénable, ne serait plus exposée au trafic des brocanteurs. La reconnaissance resterait dans l'avenir toujours à la disposition de l'emprunteur....

Le Mont-de-Piété se nomme, en Russie : « Lombard, » parce qu'il y fut introduit par les Italiens; en France : « Clou » ou « Ma Tante. »

On n'est pas très d'accord sur les origines de ce dernier appellatif. Toutefois, il est raconté qu'un seigneur ayant donné en présent une montre à l'un de ses neveux, s'étonna fort, un jour, de ne plus la lui voir porter.

L'espiègle neveu, qui avait eu besoin d'argent, fréquentait souvent les salons d'une de ses tantes; pour ne pas éveiller l'attention de son oncle il répondit :

— Ma montre, elle est chez « ma tante !... »

Et l'expression serait tombée dans le langage courant.

N'empêche que « Ma Tante » est vieille... elle a vu passer dans ses appartements bien des bijoux et des objets mobiliers depuis bientôt cinq siècles !...

LA DESTRUCTION DES MOUSTIQUES

La saison chaude les ramène, et la moindre prévoyance engage à s'occuper des mesures qui pourront entraver la multiplication de leur descendance.

On sait déjà que le pétrole, en très petite quantité, répandu dans les masses d'eau stagnantes, vient former à la surface une couche d'une épaisseur infinitésimale qui tue les larves des moustiques ou qui, en tous cas, les empêche de se transformer en insectes parfaits. Malheureusement l'emploi du remède n'est pas toujours possible : si les eaux sont entraînées par le moindre courant, le pétrole s'en va avec elles, et il faudrait renouveler sans cesse ce préservatif.

D'autre part, on ne saurait employer le pétrole dans les réservoirs où l'on conserve les eaux potables. M. Howard, qui a étudié très sérieusement la question aux États-Unis, conseille alors l'introduction de poissons dans ceux qui n'en possèdent pas encore. La valeur des petits poissons, en nombre suffisant, comme destructeurs des larves de moustiques, est parfaitement démontrée, et un accident arrivé sur la côte du Connecticut est venu en donner une nouvelle preuve :

Une très haute marée ayant rompu une digue, les champs bas de Stratford, petite ville à quelques milles de Brigeport, furent inondés; en se retirant la mer laissa deux petits lacs, voisins l'un de l'autre et de mêmes dimensions.

Dans l'un, la mer abandonna quelques petits poissons; dans l'autre, il n'y en avait pas un seul. Or, l'examen des caux, fait pendant l'été, permit de constater que les eaux du lac sans poissons contenaient des larves de moustiques par dizaines de mille, tandis que celui où vivaient les poissons en était complètement débarrassé.

Voilà, certes, un encouragement pour la pisciculture, et on devrait se préparer à semer dans les réservoirs où les moustiques ont l'habitude de pondre, les alevins appropriés qui, au printemps, ayant grandi, mangeront les larves avant leur éclosion. Au lieu de se laisser dévorer par les moustiques, n'est-il pas plus sage de les manger soi-même après leur transformation en chair de poisson ?

LA FORMATION DES COUCHES SUPERFICIELLES DU GLOBE

Une conception fort curieuse et des plus intéressantes est celle du chronomètre géologique. On sait en quoi consiste sa théorie : on examine la quantité de dépôts qui se produisent en un lieu donné en quelques années. On mesure l'épaisseur totale de la couche fournie au cours des siècles et une simple division doit donner le temps total qu'a demandé cette formation.

C'est une théorie ingénieuse, mais qui demande quelque prudence dans l'application. Elle conduit trop facilement à estimer à des milliers de siècles le temps qu'il a fallu pour la formation de tel ou tel terrain. Inutile de dire les conclusions abracadabrantes que quelques-uns savent tirer de ces calculs.

Malheureusement, pour la confiance qu'il faut leur accorder, ces calculs supposent, pour plus de simplicité, que les conditions actuelles sont celles qui se sont présentées de tous temps; or, l'observation donne chaque jour un démenti à cette conception.

M. Gosselet vient d'en relever un de plus, ayant un avantage qu'on ne saurait discuter, car il repose sur des faits de l'époque moderne pour lesquels les renseignements abondent.

Les travaux faits actuellement pour élargir le port de Dunkerque et pour établir un chantier de construction navale ont nécessité de grandes tranchées, qui ont permis à M. Gosselet d'étudier la formation des différents dépôts.

Ce qui fait le grand intérêt de la fouille de Dunkerque, c'est la nature des poteries que l'on rencontre à la base du sable roux. On y trouve, avec des poteries de grès dont l'âge est incertain, d'autres fragments de vases de terre, avec vernis vert, qui ne peuvent pas remonter au delà du commencement du XVIe siècle.

Une découverte toute récente vient de corroborer ces faits. On a rencontré, à sept mètres de profondeur et à un mètre au-dessus de la base du sable roux, la carcasse d'un navire d'où l'on a retiré trois grands canons, trois couleuvrines et de nombreux projectiles divers. L'un des canons porte la date 1581.

Il est donc prouvé que les sept ou huit mètres de sable roux se sont déposés sur la plage de Dunkerque entre le commencement du XVIe et le commencement du XIXe siècle, c'est-à-dire en trois siècles.

Il y a loin de ces faits positifs aux conceptions théoriques de la lenteur des phénomènes géologiques.

UN PEU D'HYGIÈNE

Voici quelques conseils d'hygiène alimentaire que le *Journal d'hygiène* a relevés dans *Dietetic and Hygien Gazette*. L'originalité même de certains d'entre eux en augmente l'intérêt.

Nous buvons généralement trop, disent ces hygiénistes, et la quantité de liquide que nous prenons fatigue bien inutilement notre estomac. Sans vouloir interdire absolument la boisson, sinon aux personnes atteintes de dilatation d'estomac, nous devrions du moins en restreindre dans de grandes proportions la consommation. Le liquide qui pénètre abondamment dans notre estomac retarde notre digestion et irrite inutilement nos muqueuses, surtout si nous faisons grand usage de boissons alcooliques et d'eaux gazeuses trop fortement saturées d'acide carbonique. Nous ne devrions jamais boire pendant nos repas, mais seulement avant ou après, et surtout ne jamais boire de liquides froids qui prédisposent infailliblement aux affections stomacales. Si nous ne savons pas boire rationnellement, nous ne savons pas non plus manger en temps utile. Toutes les créatures, excepté l'homme, se laissent guider par l'instinct naturel et mangent de préférence pendant la nuit. N'est-ce pas la plupart du temps, pendant cette période que les enfants réclament le plus souvent le sein ? Sans mettre un intervalle trop long entre nos repas, ce qui fatiguerait inutilement nos organes digestifs, nous devons de préférence manger pendant la nuit, le moment le plus favorable pour la digestion : les personnes faibles et maladives, comme celles sujettes à l'insomnie devront se contenter d'un verre de lait pendant la nuit et pourront alors exceptionnellement prendre à tout autre moment une alimentation plus substantielle.

Une autre série de conseils du même *Journal d'hygiène* a trait aux soins à prendre le soir. On a beau être très occupé, dit-il, on doit toujours trouver le temps de faire sa toilette avant de se mettre au lit. Il ne suffit pas de quitter ses vêtements et de sauter dans le lit, il faut avoir de l'eau chaude et se laver la figure. Ce lavage repose autant qu'une heure de sommeil; il faut aussi brosser ses cheveux cela les fera épaissir et les rendra plus brillants, et cette opération calme aussi les nerfs. Enfin il faut boire une tasse de lait chaud, du cacao faible ou même un verre d'eau chaude et manger un biscuit ou un morceau de rôti. Ce petit souper terminé, vous pouvez aller dormir, vous n'aurez pas à redouter l'insomnie et le matin, en vous réveillant, vous serez frais et dispos et tout heureux d'être au monde. Si cela est possible, ne placez jamais votre lit contre un mur ou tout au moins tirez-le un peu le soir pour que l'air circule librement autour de vous pendant votre sommeil.

ARAGO (1786-1853) Astronome

LA VITESSE DES ÉTOILES FILANTES

En voyant les traces lumineuses laissées par les météores qui passent dans les hautes régions de notre atmosphère, on ne saurait mettre en doute qu'ils se déplacent avec une grande rapidité, mais juger de cette vitesse est plus délicat : par le fait, si on demande à nombre de personnes leur pensée à ce sujet, on est stupéfait des différences des appréciations ; mais quand on a appris la marche réelle de ces astres égarés, on est encore plus étonné, en voyant combien les plus généreux restent au-dessous de la vérité.

Cette vérité est donc connue, au moins approximativement, et il est intéressant de savoir comment les astronomes s'y sont pris pour la découvrir.

C'est à la photographie qu'ils ont demandé les moyens nécessaires pour arriver à cette détermination de la vitesse des météores. L'idée n'est pas absolument nouvelle, la chose avait été proposée par F. H. Lane, dès 1860 ; mais ce n'est qu'en 1885 qu'un premier essai a été fait à Berlin par Zenker. L'attention a été de nouveau appelée sur cette question par le professeur Fitzgérald.

Son appareil, installé à l'Observatoire de Yale, est constitué par une roue de bicyclette qui porte 12 écrans sur des rayons équidistants, disposés de telle sorte que, dans le mouvement de la roue, ils viennent obturer, pendant un temps excessivement court, l'ouverture des objectifs des chambres photographiques.

Cette roue fait de 50 à 60 tours par minute. Sa vitesse est mesurée par un chronographe. La longueur des interruptions de la trace du météore sur la plaque est ainsi facile à mesurer, et si on a obtenu une pareille image dans une station éloignée de la première, on peut calculer la distance de ce météore et en déduire sa vitesse dans l'espace.

En novembre et décembre 1899, on est parvenu à obtenir 5 doubles images de trajectoires de certains astres de ces fugitifs, passant à des altitudes variant de 50 à 100 kilomètres; on en a déduit les vitesses apparentes, et, toutes corrections faites, leur vitesse réelle a été trouvée, en moyenne, de 34 kilomètres par seconde. N'avions-nous pas quelque raison de dire que les simples estimations restent toujours bien au-dessous de la vérité? 26 secondes pour aller de Paris à Marseille! quel délicieux express cela serait, s'il n'y avait à considérer le moment critique de l'arrivée.

Les éléments, ainsi calculés, ont reçu une curieuse confirmation. L'un des météores observés était un Andromédide, et la vitesse déterminée est exactement celle de la comète Biela, qui s'est fondue, on le sait, en un essaim de météores passant à l'époque considérée dans ces parages du ciel.

CONTRE L'EMPOISONNEMENT PAR L'OXYDE DE CARBONE

L'hiver ramène chaque année le célèbre poêle mobile et la rubrique des empoisonnements lents ou rapides par l'oxyde de carbone. On sait que les fanatiques de poêles mobiles ne meurent pas tous, mais que tous sont frappés, à ce point qu'une saison entière passée au grand air ne suffit pas toujours à restituer les globules perdus, à ceux qui les ont oubliés au coin du feu.

Or, voici qu'un M. Haldane, d'Oxford, vient à l'aide de la pauvre humanité en cette circonstance spéciale ; on pourra vivre dans l'atmosphère de son poêle à combustion lente et s'en tirer indemne : il suffira pour cela, dès que le malaise se fera sentir, de s'enfermer dans une cloche où l'air sera comprimé à dix atmosphères ; dans ces conditions, la quantité d'oxygène contenue dans le milieu respirable suffit pour combattre les funestes effets de l'oxyde de carbone.

Avoir, par économie, un poêle mobile, et compléter cette installation par celle d'appareils capables de supporter une pression de dix atmosphères, de compresseurs, de machines pour les mettre en jeu, ne serait pas pratique sans doute. Mais on peut se contenter de pressions moindres, en enrichissant le milieu ambiant d'oxygène. Alors il suffit d'avoir une chambre bien close, solide aussi toutefois, et de laisser s'y détendre de l'oxygène que l'on trouve aujourd'hui dans le commerce, comprimé dans des bouteilles de fer. Comme il se conserve indéfiniment, on peut l'avoir d'avance ; ce sera le complément de toute défectueuse installation de chauffage. Les pères de famille soucieux de la santé des leurs, devront chaque soir donner à leurs enfants la dose d'oxygène nécessaire pour réparer les méfaits possibles de l'oxyde de carbone.

Un moyen plus économique, et souvent employé, c'est de ne pas chauffer du tout les chambres à coucher!

LE REPOS DE LA MATIÈRE

On a démontré, déjà cent fois, que la matière elle-même a besoin d'un repos périodique comme les êtres animés. Les machines qui s'arrêtent de temps à autre fournissent une carrière *active* beaucoup plus longue que celles auxquelles on inflige un travail continu.

Une arme à feu éclate si on lui fait tirer sans désemparer un grand nombre de coups; mais si le tir est séparé par des périodes de repos, on décuple sa capacité de travail. Le métal fatigué reprend dans le calme toutes ses propriétés primitives.

Aujourd'hui, c'est l'influence des courants électriques sur les métaux qui est reconnue nuisible quand elle n'est jamais interrompue. Il est scientifiquement démontré que les fils télégraphiques, comme les autres, se fatiguent. On a prouvé d'une façon irréfutable qu'ils fonctionnaient mieux le lundi que le samedi, dans les pays où les télégraphistes jouissent du repos dominical. Les personnes compétentes estiment que les fils télégraphiques devraient se reposer.

Nous ajoutons qu'il devrait en être de même des télégraphistes. Dans notre pays, odieux aux yeux du monde civilisé par son travail du dimanche, on n'hésiterait peut-être pas à doubler les fils du télégraphe pour leur laisser le repos nécessaire, mais aucune administration ne pensera qu'on puisse en faire autant pour les employés. Et cependant les Congrès abondent, abondent !

NOUVEAU MODE DE TRAVERSÉE TRANSATLANTIQUE

Les Américains aiment le nouveau, et le cherchent quelquefois dans les voies les plus inattendues.

Plusieurs cerfs-volants de grandes dimensions ont été lancés, le 11 août 1900, de Aldenhurst, en vue d'expérimenter s'ils peuvent se soutenir longtemps au large et quelles sont leurs vitesses sur mer. Ces cerfs-volants, auxquels sont arborés deux petits pavillons étoilés aux couleurs des États-Unis, traînent un loch automatique, à l'extrémité d'une très longue corde. Ainsi lestés, ils pourront, espèrent les inventeurs, traverser l'Atlantique Nord et aborder en Europe.

Et alors ? Même si quelques-uns faisaient une heureuse traversée, songerait-on à leur procurer jamais quoi que ce soit, et surtout le moindre colis humain ?

Mais ne nous inquiétons pas d'avance ; ces cerfs-volants transatlantiques, après sept semaines, n'avaient pas donné de leurs nouvelles ; il est donc acquis déjà que l'on n'obtiendra pas, par ce moyen, un service postal bien rapide.

TOUT EN PILULES

Si nous en croyons les chimistes, le XXe siècle verra toutes choses condensées pour l'alimentation, et un repas, vers le milieu du XXe siècle, se composera seulement de quelques pilules et de quelques tablettes. Un œuf concentré n'a plus que la dimension d'une pastille quelconque, et ainsi de suite. Le lard se comprime en petits cubes. Le potage se transforme en paquets microscopiques. La substance d'une tasse de chocolat ne dépasse pas le volume d'une tête d'épingle. La chair entière d'un bœuf de 300 kilogrammes ne pèse plus que quinze livres et se porte aisément. Le jus de citron enveloppé de chocolat, le tout de la dimension d'une petite carte de visite, désaltère un homme pendant une journée entière. Une pharmacie complète de remèdes concentrés se porte en breloque de montre.

Les provisions d'un explorateur pour une année ne forment qu'un petit ballot, qui ne remplirait pas une malle. Bientôt un verre de wisky au soda ne sera qu'une pilule. On sucera son déjeuner en marchant. On avalera son dîner comme on fait d'un cachet d'antipyrine. On n'aura, à vrai dire, enlevé aux aliments que l'eau inutile qu'ils contiennent.

Déjà au XIXe siècle tout se fait à la vapeur. Le nouveau siècle nous réserve peut-être une existence encore plus expresse. Les estomacs fatigués, ne pouvant plus digérer les aliments, les absorberont condensés en infiniment petits, cachets ou pilules. La sensualité sera bannie de la surface de la terre.

LE FROID, LES INSECTES, LES OISEAUX

On dit tous les hivers que le froid prépare à l'agriculture une année fertile, en tuant les insectes, les vers, les limaces, etc. Que le froid, lorsqu'il vient en sa saison, que la neige surtout ait sur les terres une influence fertilisante, personne n'essaiera de le nier; mais cette heureuse influence des hivers rigoureux n'est nullement un résultat de la destruction des insectes; les insectes, loin d'avoir à redouter le froid, n'ont au contraire qu'à s'en réjouir, puisqu'il n'est mortel qu'à leurs ennemis, c'est-à-dire aux oiseaux ; écoutez plutôt, en temps de neige, les marchands crier partout dans les villes :

— Alouettes ! Alouettes !

La neige, pour les oiseaux, est le plus vaste, le plus meurtrier de tous les filets; lorsqu'elle couvre longtemps le sol, non seulement ils se font prendre par milliers et par milliers, mais ils meurent par millions.

Nul être vivant, en hiver, ne souffre autant qu'eux ; leur diminution certaine est donc, pour les insectes et pour les limaces, un gage de sécurité. Eux, cependant, qu'ont-ils à craindre de la neige et du froid ?

Profondément cachés dans la terre, ceux qui passent l'hiver à l'état de larves s'enfonceront, s'il le faut, à deux mètres de profondeur pour en fuir les atteintes; d'autres, à l'état d'œufs ou de chrysalides, tels que les chenilles et un grand nombre de mouches, sont enveloppés de triples et quadruples capitonnages de gomme, de soie, de laine, de bourres, de feuilles ; allez donc, au retour du printemps, visiter ces nids, vous verrez si tout cela ne s'éveillera pas plein de vie !...

Les limaçons et les limaces, qui sembleraient les plus exposés, savent parfaitement trouver dans les vieux murs, dans les caves, dans les troncs creux et dans les racines des arbres, des retraites impénétrables au froid, tandis que nous autres hommes, dans notre imprévoyance, nous bâtissons nos maisons et préparons nos vêtements comme si jamais l'hiver ne devait être rigoureux. Les limaçons et les insectes, au contraire, prennent leurs précautions chaque année comme si le froid devait être terrible. Jamais le papillon ne néglige d'entourer ses œufs d'un épais édredon de soie ; jamais le limaçon, vers la mi-novembre, ne néglige de gagner sa retraite, et, dès qu'il s'y est blotti, il ajoute à ce soin celui de fermer solidement l'ouverture de sa coquille par deux, trois et quelquefois par quatre cloisons.

Ces mollusques sont les sages des sages. Les coléoptères, pour la plupart, en hiver, sont à l'état de larves, et j'ai dit qu'à mesure que le froid augmente, ils s'enfoncent dans le sol ; mais quelques-uns d'entre eux passent l'hiver à l'état d'insectes parfaits : les coccinelles, appelées vulgairement « bête du bon Dieu, » qui, du reste, sont plutôt utiles que nuisibles, puisqu'elles font la guerre aux pucerons, savent très bien trouver, contre le froid, un abri d'où elles puissent aisément sortir, car en hiver, même au mois de janvier, dès que le soleil se montre, on les voit se promener. Les lombrics ou vers de terre, qui pas plus que les coccinelles ne semblent être des animaux nuisibles ne manquent pas, eux aussi de s'enfoncer dans le sol. Ce sont, pour leur conservation, les plus prévoyants des êtres !

L'oiseau, au contraire, l'oiseau qui, pour abriter ses petits, construira au printemps des chefs-d'œuvre d'architecture, l'oiseau, pour lui-même, ne fait rien; la mauvaise saison le trouvera sur la branche; y dort-il du moins pendant les interminables nuits d'hiver? Si le froid, si la bise ne suffisent pas à le tenir en éveil, la faim, l'horrible faim, le tourmente, et la terreur vient s'y joindre; les oiseaux de proie nocturnes, les renards qui lui font une chasse terrible, et le jour, c'est l'épervier, c'est la buse, c'est... l'homme!!!

Les oiseaux, chers lecteurs, vous le voyez, sont de tous les animaux ceux qui ont le plus à souffrir du froid. Leur nombre, déjà si restreint, aura donc encore à souffrir dans chaque hiver. Les chasses incessantes qu'on leur fait ne permettront guère que leurs pertes puissent se réparer! Aussi, les voyez-vous devenir toujours de plus en plus rares!!!

En revanche, les insectes pullulent, les hannetons causent dans les campagnes, chaque année, des désastres toujours plus grands.

A mesure que l'oiseau disparaît, l'insecte de plus en plus devient un danger public.

LES INCENDIES

La statistique des incendies pour lesquels le régiment des sapeurs-pompiers de Paris a été appelé au cours de l'année 1899 est très intéressante à consulter.

Depuis 1880, c'est l'année 1899 qui a vu éclater le moins de feux importants ; 48 seulement, contre 161, par exemple, en 1882. Par contre, le total des feux éteints en 1899 s'élève à 1,433 — chiffre le plus fort à enregistrer depuis vingt ans. A signaler, 3 incendies de wagons, 11 de voitures, 10 feux dans les égouts et 144 feux de caves. Il y a eu des commencements d'incendie dans sept théâtres.

Les évaluations des dégâts portent à 6,107,862 francs les pertes subies dans les 1,433 cas d'incendie enregistrés. Ces évaluations, au reste, ne peuvent être qu'approximatives, car le chiffre des dégâts est généralement donné, sur les lieux, par le sinistré lui-même qui a tendance à exagérer les pertes.

Personne ne s'étonnera que la principale cause d'incendie ait été la chute des lampes : 118.

Le nombre des causes inconnues atteint 706 sur 1,433 cas — la moitié donc.

C'est de 7 à 8 heures du soir que les incendies ont été les plus fréquents : 118 ; les moins fréquents : 14, de 5 à 6 heures du soir.

Il faut rendre justice au corps des pompiers, dont la mission consiste à protéger de l'élément destructeur nos habitations et aussi ces foyers d'intelligence qu'on nomme : bibliothèques, musées, monuments, et nécessite tant de discipline et d'abnégation, d'intrépidité et de zèle.

L'insigne des pompiers est une salamandre ; jamais armes parlantes n'ont été aussi symboliques ; ç'a été l'avis des personnes qui ont assisté aux incendies de l'Odéon en 1818, à ceux des Messageries, de Bercy, du Cirque Olympique, de l'Ambigu Comique, du théâtre de la Gaieté, de celui des Italiens, des orgues de l'église Saint-Eustache, de la Manutention militaire, et plus récemment de l'Opéra, de l'Opéra-Comique, du Bazar de la Charité et de la Comédie-Française.

L'institution des pompiers à Paris date de la fin du règne de Louis XIV.

Dès 1705, on les vit employés à l'incendie de l'église du Petit-Saint-Antoine ; c'est même là que, pour la première fois, ils firent usage des pompes à incendie.

Louis XIV organisa en cette même année une lotérie pour l'achat de vingt pompes destinées aux différents quartiers de la capitale.

Une ordonnance du 23 février 1816 accorda un fonds annuel de six mille livres pour l'entretien de ce matériel et établit seize autres pompes.

Les pompiers étaient généralement familiarisés avec les dangers des travaux à grande hauteur ; ils avaient, à titre de « garde-pompe, » une solde de neuf livres par mois, c'est-à-dire six sols par jour, ce qui ne leur suffisait pas pour cesser tout autre travail de ville.

Voici décrit l'ancien costume que les pompiers portèrent jusqu'au Consulat : habit-veste de couleur bleue, à parements ; collets et retroussis de velours noir ; culotte de même couleur et guêtres noires ; sur la tête, ils avaient le morion de cuivre jaune sans visière, et comme la queue et la poudre étaient de mode, on peut facilement se représenter ainsi un casque de pompier : un pot de cuivre flanqué de deux ailes de pigeons et terminé à sa partie inférieure par une queue plus ou moins exiguë.

Les pompiers trouvaient une aide précieuse chez les Capucins, les Cordeliers, les Carmes et les Jacobins, qui allaient immédiatement porter secours où le feu prenait.

Les incendies du Palais de Justice en 1618, de l'Hôtel-Dieu en 1643, des Tuileries, de l'Opéra et des Menus-Plaisirs, qui éclatèrent à l'époque où les grandes pompes n'étaient pas encore en usage, furent des occasions, pour les humbles religieux, de se distinguer par leur courage et leur infatigable charité, dont le *Mercure de France*, le seul journal d'alors, faisait à peine mention.

Dans ses Mémoires, Mme de Motteville a donné une complète description du feu de l'Hôtel-Dieu et a montré le sublime dévouement de deux cents « religieux mendiants, » comme on les appelait, dont vingt périrent en arrachant les malades des flammes.

Le Vendredi-Saint de l'an 1818, le feu se déclarait à l'Odéon.

Le sauvetage s'organisa rapidement, mais l'intensité de la chaleur était telle que les pompiers hésitaient à aller chercher sous les combles, un vieillard, Valville, le régisseur et une pauvre paralytique.

Un seul pompier se dévoua et sauva tour à tour les infortunés tremblants de frayeur.

Le bon Perould, artiste de grand talent, fut émerveillé d'un si bel acte de courage.

Le sauveteur, dont tout le corps était roussi, ressemblait à une momie, dit Émile Marco de Saint-Hilaire; conduit au café Voltaire, il revint à la vie après des soins énergiques.

Des nobles courages aux folles passions, il n'y a pas loin, le même brave, quelques mois plus tard, assassinait une femme connue sous le nom de la « belle écaillère » du faubourg Saint-Germain.

Louis XVIII ordonna au préfet de police d'abandonner les poursuites :

— Cet homme a fait un acte de dévouement, je serais obligé de lui en tenir compte; laissons à Dieu l'initiative de la grâce.

La seule punition du pompier fut d'être le héros d'une infinité d'histoires et de romans....

INTELLIGENCE DE CHIEN

La *Gazette de Lausanne* cite un trait qui, non seulement démontre l'intelligence réfléchie de deux chiens à la recherche de secours pour leur maître, mais encore le concert de ces deux animaux qui ont dû délibérer et se mettre d'accord sur la conduite à tenir et le meilleur parti à prendre dans la grave conjoncture qui les tourmentait. Mais laissons la parole au narrateur, M. le professeur docteur A. Forel, à Morgues :

« Il y a quelques jours, le gardien de l'hôtel de Z'meiden, au-dessus de Tourtemagne, dans le district valaisan de Loèche, était sorti de la maison pour couper du bois.

Il avait passé là tout l'hiver, seul, avec deux chiens, ses deux braves et fidèles compagnons de solitude, un chien-loup et un griffon, plus petit de taille, mais adroit et intelligent. Comme le maître coupait son bois, au pied d'un petit mur et non loin du grand toit qui couvre l'hôtel, la couche de neige amoncelée sur le toit glissa inopinément, atteignit l'homme, le colla au mur et l'emprisonna jusque par-dessus les épaules, la tête seule sortant de l'avalanche. La neige était humide, lourde, glacée. Impossible au malheureux de remuer ni bras ni jambes. Les chiens virent leur maître dans ce cas. Ils s'approchèrent, essayèrent de gratter la neige pour le délivrer. Vaine tentative! Alors ils se concertent. Et tout à coup, rapides comme la flèche, ils s'élancent vers le bas de la vallée. Là-bas, à Ems, habite le frère de leur maître. Ils lui diront le malheur qui est arrivé et le supplieront de monter au secours de leur ami qui va périr. Ventre à terre, en carrière, ils courent sur la neige.

» Le trajet est de quatre heures pour un bon marcheur. En moins d'une heure ils l'ont parcouru. C'est vers midi que l'avalanche est tombée. Avant une heure, ils jappaient, aboyaient, pleuraient, hurlaient devant la maison dont le salut devait sortir. On ouvre la porte du chalet. On veut faire entrer les deux chiens, trempés de sueur, fumant. Ils refusent. Ils redoublent leurs aboiements. On leur offre à manger. Ils refusent.... Alors on s'inquiète. Qu'ont-elles à pleurer ainsi? Serait-il arrivé malheur là-haut, à l'hôtel, au frère? Vite le paysan met sa veste et ses guêtres et se munit d'une pelle et d'une corde. Il va quérir des amis, former une colonne de secours. Les chiens le précèdent; leurs aboiements, sinistres tout à l'heure quand ils annonçaient la fatale nouvelle, ont changé de nature. Ce sont

BUFFON (1707-1788) NATURALISTE

des cris d'appel maintenant et d'encouragement. Ils courent devant, montrant la route et agitant leur queue. Il fallut sept heures à la colonne pour atteindre l'hôtel. Quand ils arrivèrent, il était neuf heures du soir. Les chiens les avaient devancés. Le gardien, toujours pris dans la neige, avait perdu connaissance. Les deux chiens, accroupis près de la tête du moribond, lui léchaient la figure pour le réchauffer et le ramener à la vie. On le déterra. Le malheureux était à moitié gelé. Sans ses deux intelligents amis à quatre pattes, il était perdu. Ems est à 1,330 mètres d'altitude, Z'meiden à 1,847 mètres. La distance à vol d'oiseau entre les deux stations est de neuf kilomètres. »

Ne quittons pas les bons chiens sans parler des chiens de berger. Pour cela nous ne saurions mieux faire que d'emprunter, en entier, à la *Nature* le très intéressant article de M. Jules Adac :

« Ce qu'il y a de très curieux chez le chien, c'est que l'intelligence et la fidélité, qui semblent faire partie de sa constitution morale, se spécialisent avec les différentes races et avec les origines. Ainsi le chien de chasse, qui est une espèce bien déterminée, porte toutes ses qualités sur son métier ; qu'il soit chien d'arrêt, pointer ou terrier, tous ses dons seront bien définis, à tel point qu'une bête née et élevée pour une destination quelconque ne pourra jouer aucun rôle autre que le sien.

» De toutes les races de chiens, celles qui servent à conduire les troupeaux semblent être les plus primitives : leur destination et les qualités qu'elles possèdent sont le plus en rapport avec leurs centres de naissance et leur constitution.

» Il était fort important de soigner ces races si utiles et de chercher même à les développer tout en les améliorant ;

c'est dans ce but que s'est fondé le « Club Français du Chien de Berger » dont les présidents d'honneur sont MM. Eg. Tisserand et le prince de Wagram. L'âme de cette association est M. Emmanuel Boulet qui a été le premier à patronner ces espèces de chiens et qui est vraiment l'homme de France qui a rendu le plus de services à la race canine; c'est à son inspiration entre autres que le griffon fort discrédité à un moment nous a été rendu.

» Le but de ce club est de faire des sélections de sujets par des expositions et des concours, d'attribuer des prix aux meilleurs chiens de berger soit pour leur beauté, soit pour leurs qualités, de façon à en augmenter la valeur et à les indiquer comme types de choix capables de perpétuer dignement la race; on cherche aussi à empêcher les croisements malheureux si néfastes et que les bergers font trop facilement dans le but de se procurer immédiatement un chien quelconque pour leurs besoins.

» On sait qu'il existe en France deux races bien distinctes de chiens de berger, la race de Brie et la race de Beauce.

» La race de Brie présente des sujets à long poil légèrement frisé comme celui des chèvres; la tête de ces bêtes est pleine de douceur et de bonté, et pourtant ces chiens de Brie sont terribles, sous leur apparence de bonté; ils sont implacables, la moindre incartade des moutons est vite réprimée et souvent très cruellement.

» Les chiens de Beauce sont tout différents, ils sont plus développés, plus élancés, le poil est court, la tête bien découverte est expressive, les oreilles toujours très tendues; le chien de Beauce est plus docile, sa fidélité est très grande. Ce qui caractérise le chien de Brie est surtout l'intelligence.

» Chaque année, la Société organise une journée de concours; le matin on fait une exposition dans laquelle on marque les plus beaux produits; l'après-midi on soumet les chiens au travail. Celui-ci se fait à l'aide d'essais.

» On établit une piste d'une forme spéciale et dont les deux extrémités sont rapprochées; elle présente plusieurs obstacles : barrière, fossé, passage rétréci; cette piste qui n'a que cinq mètres de largeur n'est marquée que par un petit talus de sable d'une dizaine de centimètres de hauteur; tous les dix mètres se trouve planté un piquet surmonté d'un drapeau de façon à bien marquer le parcours.

» Chaque berger reçoit, au sortir d'un parc, un troupeau de vingt-cinq moutons; il doit lui faire suivre le chemin indiqué, passer par les obstacles sans qu'aucun mouton sorte des limites de la piste. Il est certain que le rôle du berger est considérable dans cette épreuve, et que son talent personnel a une importance très grande pour la réussite de l'épreuve; il faut que par sa douceur et sa fermeté il sache attirer son troupeau, ne pas l'effrayer. Pour nous autres, Parisiens, ce sport est fort amusant : cet homme invite ses bêtes à le suivre en étendant la main et marchant à reculons il pousse un cri spécial « véné, véné » qui semble un bêlement; les moutons le suivent plus ou moins suivant leurs dispositions, car au fond la prétendue douceur du mouton n'existe guère; il est au contraire très sauvage; le moindre bruit l'effraye, met le troupeau en désarroi et une fois disloqué, rien ne l'arrête : il retourne en bloc au bercail, malgré les bergers et les chiens.

» Le bon chien de berger doit suivre son troupeau à une petite distance, ne jamais aboyer et bien fixer l'œil de son maître pour savoir ce qu'il doit faire. Pour peu qu'un mouton cherche à s'égarer, il doit courir derrière et le mordre au jarret; les morsures à la cuisse sont considérées comme des fautes, aboyer en est une autre.

» Le prix est attribué à celui qui a commis le moins de fautes et à nombre égal, on compte le temps effectué pour exécuter le parcours; le berger qui a mené ses moutons le plus rapidement gagne le prix.

» En 1900 le concours traditionnel a eu lieu le 1er juillet sur l'hippodrome de Neuilly-Levallois; il y avait trente et un chiens d'inscrits et partant trente et une courses; en général les chiens se sont bien comportés et, d'après les spécialistes, on se trouve dans un état de progrès sur les années précédentes.

» Nous avons admiré tout particulièrement un chien de Brie superbe, *Camarade*, à M. Henri Sauret; d'une obéissance admirable, il a conduit son troupeau sans commettre une seule faute, se tenant muet à la distance voulue; il faut dire aussi que le berger connaissait parfaitement son métier et qu'une grande part du mérite revient à l'homme. *Camarade*, d'ailleurs, est habitué aux triomphes : il a déjà obtenu seize prix et récompenses. »

L'ARAIGNÉE

Les gens délicats n'aiment pas l'araignée, et ils ont tort. Outre que c'est un animal des plus intéressants, dont les mœurs, l'ingéniosité procurent les plus curieuses surprises à l'observateur, elle est pour nous un auxiliaire extraordinairement précieux. De tout temps, dans les pays chauds, on a regardé comme un véritable avantage l'établissement des araignées dans une maison; leurs toiles tendues dans les recoins, bien plus précieuses que les tentures les plus riches, constituent des filets où viennent se prendre des essaims de moustiques, et nous nous demandons pourquoi, parmi toutes les panacées préconisées contre l'anophélès, propagateur de la malaria, on n'a pas encore pensé à proposer l'élevage et la multiplication de l'araignée.

Dans nos jardins, elle est non moins précieuse, et l'on doit passer outre au léger ennui des fils que rencontre la figure quand on circule par les allées d'un verger.

Dans une récente réunion d'arboriculteurs, la question de savoir si l'araignée doit être ou non détruite sur les espaliers a été agitée. La presque majorité de la réunion a été d'avis qu'il fallait plutôt se garder de détruire cette bestiole.

La présence des araignées sur les espaliers entrave non seulement les incursions des perce-oreilles et autres insectes malfaisants, mais surtout le vol de divers insectes ailés dont les larves rongent les feuilles et les fruits.

M. Armand Leyritz, qui a consacré un chapitre à l'araignée dans son livre *Les vilaines bêtes,* la classe dans les animaux utiles. L'araignée doit être gardée avec soin dans les étables, écuries et bergeries, où elle rend de grands services tant aux grains qu'aux animaux. Nous ajoutons : et dans les chambres à coucher, pour le plus grand bien de l'homme.

LES ONDES HERTZIENNES AMBIANTES

Nous restons bien ignorants des influences des phénomènes naturels ambiants sur notre guenille, et quoique les rayons Rœntgen, les théories hertziennes nous aient révélé que notre corps est traversé à chaque instant par des rayons, des effluves que nos sens ne peuvent percevoir directement, on en est encore à discuter les effets qui en résultent pour la santé de ceux qui sont soumis à leur influence.

Ces effets sont indéniables cependant ; on connaît déjà quelques-uns des désordres déterminés dans l'organisme quand il est soumis plus ou moins longtemps aux rayons Rœntgen. Personne n'ignore, qu'en temps d'orage, le système nerveux est atteint, et que les ondes électriques produites par les décharges électriques des nuages ne sont pas sans se répercuter sur la machine humaine.

La matière elle-même en subit les influences, et ceci expliquera peut-être cela un jour ou l'autre.

Une nouvelle preuve de cette influence nous vient de

l'Inde, où l'on a constaté un curieux phénomène dans les lampes à incandescence, installées à Calcutta ; il se produit au cours des violents orages qui sévissent dans ce pays tropical. Après chaque éclair, l'éclat des lampes augmente tout à coup pour revenir ensuite, peu à peu, à son état normal. Le fait s'est présenté si souvent, que les ingénieurs de la *Calcutta Electric Supply C°*, sur les circuits de laquelle se trouvent ces lampes, s'en sont préoccupés, et ont cherché si la canalisation — qui est aérienne — ne présentait pas quelques défauts pouvant expliquer le fait.

Ils n'ont rien trouvé.

La seule explication que l'on puisse donner de ce phénomène est la seule vraisemblable, si extraordinaire qu'elle paraisse.

On sait que le charbon employé comme cohérent dans les appareils de télégraphie sans fil perd subitement sa résistance ordinaire quand il est soumis aux radiations électriques. Or, on suppose que le filament des lampes à incandescence présente ce même changement dans sa résistance quand il est exposé aux radiations provenant des décharges électriques des orages tropicaux, plus ou moins voisins.

Cette subite décroissance de la résistance doit déterminer non moins rapidement un accroissement de la puissance lumineuse de la lampe, après lequel, peu à peu, le charbon revenant de lui-même à son état normal, la lumière revient aussi à son éclat régulier.

Fait assez curieux, il y a quelques mois les ingénieurs de l'Inde constataient à Darjeeling, dans l'Himalaya, une recrudescence des orages devenus beaucoup plus fréquents et beaucoup plus violents; ils attribuaient ce phénomène à l'éclairage de cette ville par l'électricité, estimant que la grande production d'électricité par les machines attirait ces météores.

Cette pensée paraît discutable, toute l'électricité que l'homme peut produire avec des machines étant quantité infinitésimale comparée à celle dont sont chargés les nuages des grands orages.

Mais ne serait-il pas bien curieux si l'on arrivait à constater que l'électricité produite pour obtenir la lumière électrique, contribue à la formation des orages, tandis que ceux-ci s'emploient à augmenter temporairement l'éclat de cette même lumière électrique?

Tout est possible après tout, et la seule conclusion qui s'impose, c'est que nous ne savons rien, même de ce qui nous touche de plus près.

ALBUMINERIE

Tandis que nous faisons une si grande consommation d'œufs frais pour notre alimentation, nous ne nous doutons pas que l'industrie en fait également une consommation considérable. Heureusement que toutes les parties de l'œuf sont industriellement utilisées : les jaunes servent à la tannerie, à la pausserie et en général dans les industries du cuir; la photographie et la teinture sur étoffes emploient l'albumine que fournit le blanc d'œuf.

La fabrication de l'albumine occupe en Chine de nombreuses usines : ce sont les Allemands qui ont installé les premières à Han-Kéou où elles occupent cinq établissements, cassant, à elles cinq, environ 300,000 œufs par jour. Ce sont ces usines que l'on appelle albumineries.

Voici comment on opère : chaque usine se compose d'une salle de cassage des œufs, où des femmes sont employées à séparer le jaune d'avec le blanc ; le jaune est versé dans un immense bassin où des moulins en bois le mélangent, pendant qu'on y ajoute une certaine quantité de sel pour empêcher la fermentation, et ensuite il est mis dans des tonneaux et passé ; puis on le met dans des barils pour l'expédier.

Quant au blanc, il est exposé, dans une salle chauffée, dans des tonneaux découverts, munis de robinets pour le tirage ; on le laisse arriver à une certaine fermentation et ensuite on l'étale dans de petits récipients en zinc. Il est alors soumis à un séchage gradué et transformé en plaques sèches très friables. On les met en caisse et on les expédie en Europe.

Tandis qu'on recherche ainsi l'albumine pour l'industrie, on la redoute comme très dangereuse dans le corps humain. Nous ne nous occupons point ici de médecine, mais il est peut-être utile de signaler l'intéressante communication que vient de faire M. Robin, au Congrès de médecine, sur le régime que doivent suivre les albuminuriques.

Chez les malades atteints de la forme classique de la maladie de Bright, dit M. Albert Robin, le régime exerce une grande influence, mais il n'y a pas de règle fixe et il faut rechercher quel est le régime lacté, animal ou végétal, qui conviendra le mieux à un malade donné. Il faut commencer par le régime lacté absolu, puis, quand l'abaissement est obtenu, on permet les légumes, les fruits cuits, le pain, enfin les œufs et la viande, et en suivant la courbe de l'albumine, on peut établir un régime général.

Le régime lacté et le régime lacto-végétal donnent généralement moins d'albumine que les régimes dans la composition desquels le lait n'entre pas.

L'albumine augmente quand on substitue le vin au lait.

L'alimentation par les œufs donne moins d'albumine que le régime carné. Un régime composé d'œufs et de lait donne souvent moins d'albumine que le régime lacté absolu.

Parmi les viandes, le veau et le bœuf conviennent mieux que le poulet et le mouton.

Le poisson paraît toujours augmenter l'élimination de l'albumine.

Parmi les végétaux, les pommes de terre, les choux-fleurs et le riz sont ceux qui donnent lieu à la moindre élimination d'albumine.

Il est rare que l'addition du pain à un régime quelconque augmente l'élimination de l'albumine.

L'AIR LIQUIDE EMPLOYÉ COMME EXPLOSIF

Le *Bulletin de la Société de l'Industrie minérale de Saint-Etienne* a publié une intéressante note d'après les comptes rendus de l'*Institution of mining Engineers* sur l'emploi possible de l'air liquide comme explosif. En voici l'extrait :

« Mélangé avec des matières carbonées, l'air liquide donne un composé explosif; des expériences ont été faites dans plusieurs pays en vue d'appliquer cette composition au sautage des mines. Les premiers essais vraiment pratiques ont été faits en Allemagne, il y a environ trois ans; ils n'ont sans doute pas eu beaucoup de succès, car ils furent bientôt abandonnés. Depuis, de nouvelles expériences ont été faites en grand nombre un peu partout, mais les plus importantes, qu'on poursuit encore actuellement, ont été conduites dans une des plus grandes fabriques d'explosif du continent, la manufacture de Schlebush. On a étudié là les différents composés tant au point de vue de la force explosive que de la sécurité de manipulation, et en même temps le professeur Linde essayait de mettre en pratique les résultats obtenus au tunnel du Simplon. Le problème était surtout de trouver une substance carbonée convenable. Un grand nombre avaient été essayées, mais la plupart présentaient de graves dangers : ces substances, une fois imbibées d'air liquide, devenaient très inflammables et souvent détonaient spontanément avec une grande violence. Pourtant on a obtenu des résultats satisfaisants avec un mélange à parties égales de paraffine et de charbon de bois. On pouvait préparer les cartouches de plusieurs manières : ou bien on remplissait d'abord une enveloppe de matière carbonée et on plongeait le tout dans l'air liquide jusqu'à complète saturation, ou bien on versait l'air liquide dans la cartouche pleine d'absorbant. L'air liquide pourrait ainsi être descendu dans la mine dans de grands récipients qu'on ferait circuler jusqu'aux chantiers dans des berlines vides. Les cartouches et les mèches seraient descendues séparément ; on plongerait les cartouches dans l'air liquide à l'arrivée, et elles y resteraient jusqu'au moment de les employer. Une cartouche de 8 pouces de long et de 2 pouces 3/4 de diamètre remplie d'un mélange de kieselguhr de goudron et d'huile de goudron pèse environ 333 grammes. Elle peut absorber 701 grammes d'air liquide, arrivant ainsi à un poids total de 1,034 grammes. Le temps nécessaire pour imbiber complètement une telle cartouche est d'environ dix minutes, mais la durée d'une cartouche à l'air liquide est malheureusement éphémère ; une cartouche ayant les dimensions indiquées plus haut doit être employée avant quinze minutes, sans quoi on risque d'avoir un raté. Une cartouche plus grosse durerait sans doute plus longtemps, mais une plus petite durerait moins. Les cartouches d'air liquide détonent à l'aide d'une petite amorce au coton azotique et d'une capsule. Les amorces de dynamite sont inutilisables, car elles seraient gelées immédiatement. La force explosible de ces mélanges dépend : de la « fraîcheur » du liquide, du choix de la substance carbonée, du temps écoulé entre la préparation et l'emploi. Ce dernier facteur est certainement très important à considérer et le plus gênant dans la pratique. Les cartouches de petits diamètres demandent des conditions vraiment exceptionnelles pour être employées avec avantage. Même les cartouches de 3 à 4 pouces de diamètre demandent une manipulation très rapide. L'évaporation très vive à la surface crée bien vite autour de la cartouche un revêtement de matière inerte qui produit, comme un espace vide, un abaissement de la pression développée ultérieurement. De plus, la puissance absorbante de la substance carbonée et sa teneur en carbone sont aussi très importantes ; la production de l'oxyde de carbone résultant de la combustion peut devenir dans certains cas dangereuse. Cependant, on peut dire d'une façon générale qu'avec certains mélanges, en particulier avec des pétroles et en employant de l'air suroxygéné, il est possible d'obtenir un composé explosif d'une aussi grande force que la nitroglycérine; mais ces mélanges sont très inflammables et dangereux, et pour avoir des mélanges sûrs il faut renoncer à obtenir une grande puissance. »

ALTÉRATIONS DES VINS

Moyen de les éviter.

Les vins sont d'autant plus sujets à contracter des défauts ou des maladies, que la vendange a été récoltée dans des conditions défectueuses.

La pourriture grise qui a attaqué les raisins en 1900 à la suite des pluies, est une source d'altérations pour les vins qui en proviennent :

Malgré le triage minutieux effectué au moment de la cueillette, il rentre dans la vendange une certaine proportion de grains avariés.

Malgré les cuvages très courts, le contact du moût avec la pellicule chargée de pourriture peut communiquer au vin un goût de moisi et introduire au sein de ce liquide le ferment de la fleur de vin, de l'ascescence, de la casse, de la tourne, etc.

Il importe donc que les viticulteurs surveillent sérieusement leurs vins et leur procurent les soins tout spéciaux pour les mettre à l'abri des altérations.

Quand on a des vins sentant le moisi, on arrive à les corriger en faisant usage de la farine de moutarde (30 à 40 gr. par hectolitre), ou de la bonne huile d'olive, à raison de demi-litre à un litre par hectolitre.

On ne peut avoir recours à ces deux produits que tout autant que la quantité à traiter est de peu d'importance.

En Espagne, on dit beaucoup de bien de l'usage du pain frais. On jette trois ou quatre morceaux de pain d'une ou de deux livres dans le foudre, et on l'y laisse quarante-huit heures.

Ce délai expiré, on retire ces morceaux de pain qui sentent fortement le moisi comme s'ils s'étaient emparés de toute l'odeur que possédait le vin. Nous n'avons jamais essayé ce procédé; il est facile de contrôler sa valeur, en raison de la modicité du prix de revient du traitement.

Le repassage du vin altéré sur de la vendange saine, toutes les fois que c'est possible, a procuré de très bons résultats.

Quand on a des quantités importantes de vin à améliorer, il est plus avantageux de faire usage du charbon de bois bien lavé ou de la pâte à papier.

Le charbon de bois possède bien la propriété de s'emparer des mauvais goûts, mais il a le défaut de diminuer le bouquet et la couleur des vins. Les doses à employer ne peuvent être déterminées que par des essais effectués sur des échantillons. Il est prudent de se servir des plus petites quantités possibles.

Les soutirages à l'air et le collage font aussi disparaître le goût de moisi quand il est peu prononcé.

La pourriture grise étant une source abondante de ferments de toute nature, il y a lieu de craindre pour la bonne tenue des vins de cette récolte. Il est bon toutefois de faire

CHEVREUL (1786-1889) CHIMISTE

savoir au viticulteur qu'il peut assurer leur conservation avec quelques soins et quelques manipulations.

Il importe d'abord de faire de fréquents soutirages pour séparer le vin des lies, riches en mauvais ferments, et de transvaser dans des foudres bien méchés.

On devra ouiller très souvent pour éviter l'action de l'air à la surface du liquide.

Le filtrage, par la propriété qu'il possède de retenir la plus grande partie des ferments, est très recommandable.

Le collage peut aussi, dans certains cas, en dépouillant le vin et en précipitant les matières en suspension, entraîner les bactéries, mais d'une façon moindre que le filtrage. Il est préférable de coller d'abord et de filtrer ensuite.

Les deux maladies les plus à craindre sont la casse et la tourne.

On distingue deux sortes de casses : la casse bleue et la casse brune ou jaune.

La casse bleue, qui se manifeste par le bleuissement des vins, est due au manque d'acidité ou à la présence d'une trop forte quantité de sels de fer.

On guérit cette casse par l'addition d'acide tartrique ou mieux encore par l'acide citrique, à des doses variant entre 50 et 100 grammes par hectolitre.

La casse brune ou jaune est la conséquence d'une oxydation de la matière colorante, par l'intermédiaire d'une diastase ; elle est caractérisée par une couleur jaune-brun.

Cette maladie est arrêtée par l'acide sulfureux et par le chauffage.

Les doses d'acide sulfureux nécessaires varient de 3 à 10 grammes par hectolitre, suivant l'intensité du mal.

Ce gaz peut être produit par la combustion du soufre, par le bisulfite de potasse ou par des solutions d'acide sulfureux titrant d'habitude 16 °/₀ environ d'acide en poids.

Si l'on fait usage du soufre, on brûlera de 2 à 4 grammes par hectolitre de capacité ; si on donne la préférence au bisulfite, on devra employer de 4 à 12 grammes, il renferme environ la moitié de son poids d'acide sulfureux.

On incorpore le bisulfite au vin en disposant la quantité nécessaire pour un foudre de capacité déterminée, dans un sac de toile que l'on suspend de telle sorte qu'il se trouve au milieu du liquide et on ferme le récipient. Quatre ou cinq jours après, on soutire dans un autre tonneau bien propre.

Le bisulfite est préféré au soufre par beaucoup de propriétaires, en raison de la facilité qu'il présente au point de vue du dosage de l'acide sulfureux. Cet avantage excepté, le soufre est plus recommandable, tout en étant moins coûteux.

Le chauffage ou pasteurisation a uniquement pour but de tuer par la chaleur les végétations cryptogamiques et leurs germes.

Il faut chauffer le vin à une température variable avec sa constitution chimique : les vins faibles en alcool doivent subir une température d'au moins 65° ; il faut arriver à 60° pour les vins moyennement riches ; 55 à 56° suffisent pour les vins alcooliques.

Un chauffage de quatre à cinq minutes stérilise les vins sains ; les vins malades doivent subir l'action de la chaleur six à huit minutes au moins.

Le chauffage n'altère ni le goût ni la couleur, contrairement à ce qu'ont prétendu certains œnologues ; il rend en outre les vins limpides, car il produit l'effet d'un collage.

Une addition d'acide tartrique et de tanin, suivie d'un soutirage, complètera avantageusement le traitement.

La pasteurisation est certainement un des meilleurs procédés de conservation et de guérison des vins malades; malheureusement les appareils de chauffage perfectionnés sont trop peu répandus, et le propriétaire, faute de pouvoir opérer en temps utile. donne la préférence à l'acide sulfureux.

LA SAUGE

De quelle sauge parlerai-je? Est-ce de la sauge écarlate d'un si admirable effet dans les jardins, ou de la sauge azurée plus magnifique encore? Parlerai-je de l'éclatante ou de l'éclatante naine? En parler cela est possible; mais, comment les décrire? Comment en donner l'idée à ceux qui ne les auraient jamais vues? Elles atteignent certainement l'idéal des couleurs bleue et rouge. La sauge rouge se rencontre dans les jardins bien plus souvent que la bleue, cela tient à ce que la bleue est plus délicate, à ce qu'on a plus de peine à la conserver. La rouge étant coupée, mottée et recouverte de feuilles ou de fougère, peut passer l'hiver en pleine terre : il en est tout autrement de la bleue.

Très peu de plantes produisent dans les jardins un effet aussi riche que la sauge; elle a d'ailleurs l'avantage, comme les fuchsias, de rester en fleur tout l'été. Pour l'avoir dans toute sa vigueur, dans tout son éclat, il est bon de la placer aux lieux abrités et chauds, par exemple, dans les angles des murailles exposées au soleil.

Pour se recommander à notre attention, elle n'a pas seulement la beauté, elle a ses émanations et ses vertus fortifiantes : elle fut, dans « l'antiquité », la plante célèbre entre toutes; son nom de Salvia venait du latin *Salvare* « sauver ». L'école de Salerne lui avait donné le nom d'Herbe sacrée; de là le dicton :

> Pour braver mort et tout mauvais destin,
> Ne faut qu'avoir sauge dans son jardin.

La petite sauge agreste qui croît partout dans nos jardins avait reçu le nom de Toute-Bonne; à cause de son délicieux arôme on l'a crue pendant des siècles efficace contre tous les maux; c'est surtout en temps de peste qu'on la voyait se répandre dans toutes les maisons; le tabac alors était inconnu; « mais on fumait de la sauge ». Je ne sais si dans beaucoup de cas il ne serait pas bon d'y revenir. Nos médecins pourraient, à ce sujet, faire quelques expériences et nous dire si cette herbe aux vertus éveillantes ne serait pas pour les fumeurs préférable aux narcotiques. On a proposé aussi de s'en servir pour remplacer le thé. Les fameux chinois se sont quelquefois étonnés qu'ayant chez nous une telle plante, nous allions leur acheter la leur; il leur est arrivé même de donner à des Européens deux caisses de thé en échange d'une caisse de sauge. Mais nous sommes ainsi faits que ce qui vient de loin nous semble toujours meilleur que ce qui croît chez nous. La sauge, pourtant, devrait nous apprendre que nos végétaux d'Europe ont, eux aussi, leurs parfums, leur beauté et leurs vertus bienfaisantes.

CONCLUSION

Quels que soient les progrès que l'avenir nous réserve, le XIXe siècle qui vient de s'achever marquera certainement dans les fastes de l'humanité par le développement qu'il a donné aux sciences et à l'industrie.

Notre génération pourrait s'enorgueillir de ces résultats, et elle y est assez portée ; mais une simple réflexion la ramènera à une appréciation plus juste de son œuvre. Si cette floraison des sciences et de l'industrie a été possible à cette époque de l'histoire de l'humanité, c'est que les bases en avaient été posées par nos ancêtres. Newton, en puisant dans le monde des astres les lois de la mécanique céleste, a préparé celles de la mécanique rationnelle, base de l'art de nos ingénieurs ; la machine à vapeur, qui a changé la face du monde, date du commencement du siècle précédent ; l'électricité, appliquée aujourd'hui sous tant de formes, nous avait été révélée dans son essence par Volta et Galvani ; Lavoisier a donné à la chimie, noyée dans les théories les plus contradictoires, le point de départ qui lui faisait défaut.

« Les sciences sont faites par additions successives, n'étant possible qu'un seul commence et achève. L'homme est comme un enfant au col d'un géant ; il aperçoit ce que voit le géant et quelque peu davantage » (Guy de Chauliac). Telle est l'histoire du XIXe siècle, l'enfant qui a bénéficié de travaux vingt fois séculaires.

L'œuvre de cet enfant n'en est pas moins considérable et elle a enrichi l'humanité ; il ne nous appartient pas d'examiner si celle-ci y a beaucoup gagné au point de vue moral ; qu'il nous suffise de passer rapidement en revue ces progrès de divers ordres, en n'en donnant encore qu'une nomenclature bien incomplète.

L'astronomie, aidée par des instruments de plus en plus puissants, nous a révélé des secrets du ciel inconnus de nos aïeux ; toutes les petites planètes ont été découvertes en ce siècle. Depuis quelques années, l'objectif photographique est venu aider et suppléer l'œil imparfait de l'astronome : elle nous donne non seulement des renseignements précieux sur la constitution de certains corps célestes, mais elle fixe leur position dans l'espace, et permet d'établir une carte du ciel, témoin de son état actuel ; cette carte permettra à nos descendants de reconnaître les moindres changements qui se produiront.

Ces procédés, secondés par l'application de plus en plus habile des théories de la mécanique céleste, ont eu d'immenses résultats : de nouveaux astres ont été reconnus avant d'avoir été vus (*Neptune*, de Leverrier). Mais ces progrès se rapportent tous à l'astronomie de position, plus exacte certainement que celle des Chaldéens, mais tendant au même but. Depuis le milieu de ce siècle, l'introduction de la spectrographie dans ce domaine a ouvert de nouveaux horizons : elle a créée l'astronomie physique. Elle nous a appris à mieux connaître la constitution de notre Soleil, elle a permis l'analyse des astres les plus éloignés, et nous a dit les matières qui les constituent ; bien plus, elle a permis d'étudier des mouvements qui nous échappaient jusque-là ; on a pu même déterminer l'existence et la marche des satellites obscurs de certaines étoiles, lesquels seront toujours invisibles. Ce domaine est si vaste que l'on ne saurait le quitter si on ne s'arrachait à ses séductions.

La connaissance de notre globe est devenue beaucoup plus complète. Les facilités de communication entre certains pays, la hardiesse des voyageurs dans d'autres, ont permis de compléter ou à peu près les cartes de nos Atlas; l'Afrique, l'Australie, l'Asie centrale, ne sont plus des continents inconnus. Le xxe siècle aura à découvrir les terres polaires : on les lui a gardées. Nous nous reprocherions de ne pas rappeler ici que les travaux de Cuvier, notre célèbre compatriote, appartiennent à ce siècle; par la paléontologie, science qu'il a créée, il nous a fait connaître l'histoire de la croûte terrestre, et a aidé puissamment au progrès de la géologie.

La surface de ce globe a été l'objet d'études considérables et dont personne n'avait eu encore la pensée.

La géographie zoologique et la géographie botanique, l'océanographie, nées dans le xixe siècle, ont permis d'élucider nombre de problèmes qui semblaient insolubles.

Les sciences biologiques ont fait de nombreux progrès; sous la féconde influence de Bichat, l'anatomie générale a été fondée; Magendie, puis Claude Bernard ont renouvelé la physiologie, mais il faut arriver à Pasteur pour constater une vraie révolution dans l'art de guérir. Pasteur découvre la nature animée des germes de nombreuses maladies; il cultive ces germes hors des organismes et arrive à les discipliner et à les transformer en vaccins. Il démontre que ces germes sont les causes des complications opératoires et permet ainsi aux chirurgiens des interventions auxquelles ils n'auraient jamais pu songer. Vers le milieu du siècle, la découverte de l'anesthésie avait déjà préparé ses progrès. Aujourd'hui, débarrassé de la douleur et de la crainte des complications infectieuses, le chirurgien peut opérer sûrement avec la lenteur voulue ; il n'a même pas à se préoccuper des hémorrhagies, qu'il sait prévenir ou arrêter.

La chimie, basée sur les travaux de Lavoisier, nous a donné la synthèse des corps organiques, la théorie des substitutions de Dumas.

Il serait trop long de rappeler ici les travaux fort nombreux des Wurtz, des Berthelot, l'analyse spectrographique, etc.

Il est impossible en une revue aussi rapide de parler des progrès de la chimie industrielle : matières colorantes, gaz d'éclairage, métallurgie, électrolyse, etc., qui ont étonné le monde.

Dans le domaine de la physique, le principe établi de l'unité des forces physiques a été la base de toute une rénovation. Nous retrouverons les applications de cette branche des sciences en parlant de la machine à vapeur, de l'électricité. Qu'il suffise de rappeler ici que ce siècle a vu la naissance de la spectrographie et la liquéfaction des gaz, même de ceux que les plus éminents physiciens qualifiaient de permanents; Cailletet a été l'un des grands artisans de cette dernière œuvre, qui s'est poursuivie jusqu'à ses limites : depuis quelques années, on liquéfie non seulement l'air, mais encore l'hydrogène; les physiciens ont ainsi réalisé le froid théorique et absolu (— 270°).

Il est sans doute inutile de rappeler les progrès de la machine à vapeur et de ses applications, depuis la machine à simple effet de Newcomen produisant à grands frais quelques chevaux, et les machines modernes à triple et quadruple expansion donnant plus de 15,000 chevaux de force.

L'industrie, les chemins de fer, la navigation ont bénéficié de ces progrès dans des limites qui stupéfient tous ceux qui sont appelés à les constater.

La rapidité des communications sur terre est devenue vingt fois plus grande ; sur mer, quatre à cinq fois, et notre globe se trouve comme diminué. Mais, d'autre part, les échanges avec les pays lointains sont à présent si faciles et si prompts, que tous, aujourd'hui, nous sommes citoyens du globe tout entier, citoyens qui, hélas! ne sont pas toujours d'accord !

L'électricité, autre branche du domaine de la physique, a étonné le monde par ses applications. Dès le milieu du siècle, on lui devait le télégraphe fonctionnant pratiquement; bientôt, elle nous a donné le téléphone qui permet de transmettre la voix elle-même à de grandes distances aujourd'hui. Cela semblait miraculeux au début, et en vérité il en est ainsi. Depuis, l'invention de la machine dynamo ayant permis de produire l'électricité en grande quantité et sous un potentiel élevé, les applications se sont multipliées. Son énergie a été utilisée sous ses trois formes : force, chaleur, lumière. Le transport de l'électricité à grande distance par de simples conducteurs a permis d'utiliser la force naturelle des chutes d'eau et d'économiser la réserve de houille de notre globe. Il n'est pas besoin de signaler les résultats obtenus par l'éclairage électrique. La force utilisée dans les ateliers et souvent par les voitures publiques, agit sous les yeux de tous; mais la chaleur employée à réduire les oxydes, à transformer certains corps, n'est utilisée que dans des usines spéciales, et il est bon d'insister sur cet emploi. On doit à l'électricité le carbure de calcium et par suite indirectement l'éclairage quand on emploie l'acétylène.

La radiographie, qui donne les rayons d'une lumière traversant les corps opaques, la télégraphie sans fils basée sur les ondes de Hertz, rendues sensibles par les radioconducteurs de Branly, les nombreux usages thérapeutiques de l'électricité, le curieux emploi des courants de haute tension et de grande fréquence sont d'hier; ils ont déjà beaucoup donné et donneront sans doute davantage.

La photographie est de ce siècle; elle a marché à pas de géant, et est devenue indispensable dans toutes les branches de l'activité humaine.

L'aérostation date du siècle dernier; le XIXe siècle sera plus célèbre par les espérances qu'il a fait naître que par les solutions qu'il a apportées dans cette branche des sciences appliquées; néanmoins, les études sur la météorologie et le régime des vents dans les couches élevées de l'atmosphère ont fait naître des espérances parmi les partisans des ballons.

Ceux qui préfèrent le plus lourd que l'air trouveront de nouvelles bases pour leurs essais dans les expériences et les calculs auxquels se sont livrés des savants de grand renom.

Comment terminer une pareille revue si longue déjà, quoique si rapide, sans dire un mot des progrès obtenus dans l'art militaire sur terre et sur mer?

Les armes offensives se sont perfectionnées aussi bien dans leur construction que dans les matières qui les constituent : la chimie est venue leur offrir des explosifs autrement puissants que la poudre du moine Barthold Schwartz; la métallurgie a permis de leur donner des dimensions jusque-là inconnues et leur a fourni des projectiles capables de pénétrer les corps les plus résistants.

Pour se défendre de ces engins, des cuirasses ont été

créées et on a cherché et trouvé des métaux d'une dureté inouïe. Les progrès industriels ont donc été largement appliqués à l'art de détruire, et, fait bien remarquable, la nécessité de perfectionner les armements a de son côté déterminé d'étonnants progrès dans la métallurgie et dans l'art de travailler les métaux !

Est-il utile de parler de la transformation radicale de toutes les flottes, qu'il s'agisse de navires de commerce ou de navires de guerre? Les coques en bois ont à peu près disparu, et c'est aujourd'hui le fer et l'acier qui constituent le principal, presque le seul élément des constructions navales.

Les navires ont augmenté en taille de jour en jour, et ont reçu des machines à vapeur de plus en plus puissantes. 30,000 chevaux-vapeur sur un navire ne sont plus pour étonner, et les vitesses courantes de 40 kilomètres à l'heure, en mer, tendent à devenir la règle des paquebots.

Les navires de guerre, non moins puissants comme machines, sont munis d'une nouvelle et formidable artillerie, comportant des canons de 100,000 kilogrammes; leurs flancs sont recouverts de plaques d'acier chromé à l'épreuve des projectiles.

Ces dernières lignes nous ramènent au doute que nous exprimions au commencement de cette conclusion. Les merveilleux progrès de l'industrie moderne ont-ils rendu l'humanité meilleure? Tendent-ils à faire régner la fraternité entre les peuples? Hélas ! il semble que tout au contraire, en exaltant l'orgueil de l'homme, ils aient donné plus de violence à ses plus tristes instincts.

TABLE

Lille. Typ. A. Taffin-Lefort. 1901.

www.ingramcontent.com/pod-product-compliance
Ingram Content Group UK Ltd.
Pitfield, Milton Keynes, MK11 3LW, UK
UKHW021058200726
13857UKWH00003B/983